Lalita Nargawe
Shobhana Gupta
Intjar Singh Dawar

Utilização dos meios de comunicação social no comportamento dos agricultores da região de Nimar

Lalita Nargawe
Shobhana Gupta
Intjar Singh Dawar

Utilização dos meios de comunicação social no comportamento dos agricultores da região de Nimar

Região agro-climática de Madhya Pradesh

ScienciaScripts

Imprint

Any brand names and product names mentioned in this book are subject to trademark, brand or patent protection and are trademarks or registered trademarks of their respective holders. The use of brand names, product names, common names, trade names, product descriptions etc. even without a particular marking in this work is in no way to be construed to mean that such names may be regarded as unrestricted in respect of trademark and brand protection legislation and could thus be used by anyone.

Cover image: www.ingimage.com

This book is a translation from the original published under ISBN 978-620-6-18088-3.

Publisher:
Sciencia Scripts
is a trademark of
Dodo Books Indian Ocean Ltd. and OmniScriptum S.R.L publishing group

120 High Road, East Finchley, London, N2 9ED, United Kingdom
Str. Armeneasca 28/1, office 1, Chisinau MD-2012, Republic of Moldova, Europe
Printed at: see last page
ISBN: 978-620-7-72996-8

Conteúdo

Capítulo - I

INTRODUÇÃO

No que respeita às Ciências Sociais, o processo de transmissão de símbolos significativos entre indivíduos é designado por comunicação. É apenas através da transmissão de significado de uma pessoa para outra que as ideias e a informação podem ser comunicadas. A informação tornou-se uma parte importante da nossa vida quotidiana. Atualmente, as pessoas querem informação suficiente e genuína o mais cedo possível. Os canais dos meios de comunicação social estão a satisfazer esta importante necessidade, ou seja, o desejo de informação. A comunicação na agricultura não serve apenas para notificar e sensibilizar os agricultores, mas também para executar novas ideias que alterem o método e os padrões da agricultura. Os meios de comunicação desempenham um papel vital na transferência de tecnologias agrícolas para os agricultores, minimizando o fosso entre a tecnologia e a sua utilização. Existem vários meios de comunicação de massas, como a televisão, filmes, diapositivos, rádio, literatura, documentários, dramas, exposições e digressões, etc. Os meios de comunicação social são ingredientes essenciais para a transferência efectiva de tecnologias concebidas para aumentar a produção agrícola (Okwu e Daudu, 2011). A prestação de informação agrícola é precisamente um processo de comunicação de melhores competências, práticas, inovações, tecnologias e conhecimentos aos agricultores. Por conseguinte, a extensão agrícola constitui um grande pilar para a população rural, em especial para as famílias de agricultores, através de procedimentos educativos que promovem as suas técnicas de práticas agrícolas, aumentam a sua eficiência de produção e reforçam a economia, elevando o seu nível de vida e elevando o nível social e educativo da vida rural.

Num país como a Índia, é difícil contactar todos os agricultores num período de tempo controlado e de forma eficaz para transferir tecnologia agrícola. A utilização dos meios de comunicação social é certamente a possibilidade mais eficaz de transmitir informações às pessoas. Através dos meios de comunicação social, é possível divulgar novas informações agrícolas, programas de extensão, regimes e políticas governamentais relacionados com o desenvolvimento agrícola e histórias de sucesso de agricultores, etc. Os meios de comunicação social são um instrumento extremamente poderoso que, se for utilizado de forma adequada, pode provocar mudanças sociais profundas e avanços educativos. Os meios de comunicação social têm um efeito tremendo no domínio da agricultura. Acredita-se que os meios de comunicação social exigem uma participação mais ativa e criativa por parte dos aldeões. A utilização dos meios de comunicação social é mais vantajosa porque a informação fiável e científica sobre um tópico específico, bem ilustrada com imagens, pode chegar a muitos utilizadores, rápida e simultaneamente, numa linguagem simples. Os leitores, ouvintes e telespectadores podem utilizar os meios de comunicação social nos seus tempos livres e podem guardá-los para futuras referências. A informação comunicada através dos meios de comunicação social está bem organizada e é facilmente compreensível. Para além disso, também tem valores de entretenimento. Para além da rotina, das notícias, os meios de comunicação social também fornecem elementos agradáveis, humorísticos e interessantes de vários tipos, que proporcionam aos agricultores um entretenimento ligeiro.

O Madhya Pradesh é uma terra de cultura variada. Diz-se que o povo de Madhya Pradesh segue o máximo de sabores da cultura e da tradição. Para além da predominância da população tribal, as culturas do povo distinguem-se pela mistura harmoniosa da agricultura tradicional com os conhecimentos científicos modernos. A agricultura do Estado é muito influenciada pelas actividades socioculturais da população rural. Tendo em conta o que precede, o presente estudo, intitulado "Comportamento dos agricultores na utilização dos meios de comunicação social na região agro-climática de Nimar, no Madhya Pradesh", foi realizado com os seguintes objectivos específicos

Objectivos específicos

1. Estudar as características pessoais, sócio-psicológicas e de comunicação dos agricultores.
2. Medir a atitude dos agricultores em relação a diferentes tipos de meios de comunicação social.
3. Estudar o padrão de utilização de diferentes tipos de meios de comunicação social entre os agricultores.
4. Estudar as preferências dos agricultores em relação aos meios de comunicação social.
5. Estudar a relação entre as características pessoais, sócio-psicológicas e de comunicação dos agricultores e a sua atitude em relação aos meios de comunicação social e ao comportamento de utilização desses meios.
6. Descobrir as limitações sentidas pelos agricultores na utilização dos diferentes meios de comunicação social.
7. Procurar obter sugestões dos agricultores para ultrapassar os constrangimentos enfrentados na utilização dos diferentes meios de comunicação social.

Importância do estudo

Espera-se que os resultados do estudo forneçam recomendações objectivas aos decisores políticos, planeadores, administradores e utilizadores de vários meios de comunicação social para o desenvolvimento dos agricultores e também aos funcionários da extensão para os ajudar a integrar vários meios de comunicação social com métodos e abordagens de extensão ao planear e desenvolver vários programas no futuro, de acordo com as necessidades dos agricultores do estado de Madhya Pradesh. As conclusões relativas aos meios de comunicação impressos podem ser de utilidade imediata para os editores de revistas e jornais agrícolas, a fim de melhorar e eliminar os obstáculos à utilização dos meios de comunicação impressos nas zonas rurais. Além disso, sugerem algumas formas de popularizar os diferentes meios de comunicação como fonte de informação agrícola entre os agricultores. Os resultados sobre o comportamento de audição, visionamento, leitura e feedback e a atitude em relação aos meios de comunicação social funcionarão como indicadores do número de agricultores interessados em utilizar diferentes meios de comunicação social e do seu agrado e desagrado em relação aos meios de comunicação social.

Limitações do estudo

Os estudos de investigação em ciências sociais têm de enfrentar algumas limitações e o presente estudo de investigação não é exceção. O estudo foi efectuado por um estudante investigador por conta própria com as limitações mencionadas:

> O estudo limitou-se apenas à região agro-climática de Nimar, em Madhya Pradesh, e o trabalho de investigação limitou-se a apenas 12 aldeias de seis blocos dos distritos de Barwani e Khargone.

> Devido à falta de tempo e de recursos, não foi possível cobrir uma grande área no estudo. Por conseguinte, os dados basearam-se numa amostra de 240 inquiridos.

> As conclusões baseiam-se nas expressões verbais e nas respostas dos agricultores e os preconceitos individuais dos inquiridos podem ter prevalecido em determinados momentos, apesar de se ter tido muito cuidado para evitar essa ocorrência. O estudo foi aprovado dentro das limitações comuns de tempo, dinheiro e outros recursos de um projeto estudantil específico. Pode não cumprir todas as perspectivas de um projeto de investigação científica.

• A seleção das variáveis é bastante arbitrária, baseando-se na lógica relevante, nos resultados de investigações anteriores e na opinião dos peritos na matéria.

• As conclusões tiradas baseiam-se na medição original com a associação simples e podem não ser válidas para efeitos de previsão.

• O estudo limitou-se aos distritos de Barwani e Khargone e os resultados obtidos baseiam-se nas informações fornecidas pelos inquiridos e não podem ser generalizados

Organização do estudo

• O estudo está organizado em seis capítulos. O capítulo I trata dos problemas e do conjunto de objectivos, do seu significado e das limitações do trabalho.

• Em algumas secções do capítulo II, foi apresentada uma revisão do trabalho realizado neste sentido, com relevância direta ou indireta para os resultados e a discussão.

• A metodologia adoptada foi elaborada no capítulo III, que apresenta uma breve descrição da conceção da investigação utilizando um procedimento de amostragem e a técnica de investigação utilizada para recolher os factos e a análise necessária dos dados brutos para concluir.

• O Capítulo IV apresenta os resultados e os casos observados no comportamento de utilização dos meios de comunicação social por parte dos agricultores da região agro-climática de Nimar, em Madhya Pradesh.

• O Capítulo V apresenta uma discussão sobre os resultados do estudo e outros aspectos relevantes do comportamento dos agricultores na utilização dos meios de comunicação de massa. O capítulo também apresenta uma análise das experiências dos inquiridos.

• O capítulo VI apresenta a síntese e as conclusões do estudo. A dissertação apresenta ainda uma lista exaustiva das referências bibliográficas e do guião de entrevista utilizado para a recolha de dados. Os apêndices tiveram o seu lugar no final deste relatório.

Capítulo - II

REVISÃO DA LITERATURA

A revisão da literatura sobre os estudos relacionados realizados no passado é de extrema importância. Esta revisão dá um apoio sólido a qualquer investigação nobre, ajuda a definir o problema, a formular os objectivos, a decidir a metodologia e a discutir os resultados. Foi feita aqui uma tentativa de rever a literatura relevante disponível que tem uma relação direta ou indireta com o presente estudo.

A revisão da literatura foi apresentada nos seguintes subtítulos:

2.1 Características pessoais, sócio-psicológicas e de comunicação dos agricultores

2.2 Medição da atitude dos agricultores em relação a diferentes tipos de meios de comunicação social

2.3 Padrão de utilização de diferentes tipos de meios de comunicação social entre os agricultores

a) Comportamento de escuta dos agricultores

b) Comportamento visual dos agricultores

c) Comportamento de leitura dos agricultores

d) Comportamento de perceção de utilidade dos agricultores

e) Comportamento de feedback dos agricultores

2.4 Preferências dos agricultores em relação aos meios de comunicação social

2.5 Relação entre as características pessoais, sócio-psicológicas e de comunicação dos agricultores e a sua atitude em relação aos meios de comunicação social e ao comportamento de utilização desses meios

2.6 Constrangimentos sentidos pelos agricultores na utilização dos diferentes meios de comunicação social

2.7 Sugestões dos agricultores para ultrapassar os constrangimentos enfrentados na utilização dos diferentes meios de comunicação social

2.1: Características pessoais, sócio-psicológicas e de comunicação dos agricultores

De acordo com Supe e Singh (1969), as respostas dos agricultores foram registadas numa escala contínua de 5 pontos, a saber, concordo totalmente, concordo, indeciso, discordo e discordo totalmente, tendo sido atribuídas pontuações de 5, 4, 3, 2 e 1, respetivamente. As pontuações totais indicavam o grau de orientação científica de um indivíduo.

Venkataramaiah e Sethurao (1983) construíram uma escala de SES com oito indicadores, nomeadamente casta, educação, ocupação, propriedade fundiária, participação político-social, posses, casa e agregado familiar. Foram estabelecidos testes de fiabilidade e validade e elaboradas normas para identificar diferentes níveis de NSE.

Chahal (1992) referiu que o maior número de inquiridos era de meia-idade, com educação até ao nível métrico, com um estatuto socioeconómico baixo a médio, com baixa educação familiar, cosmopolita e com um baixo nível de contactos e participação na extensão.

Kukrety e Singh (1994) constataram que a maioria dos inquiridos era idosa, tinha pouca escolaridade e possuía um estatuto socioeconómico médio.

Singh *et al.* (1998) referiram que a maioria (70,53%) dos funcionários responsáveis pelo desenvolvimento da agricultura tinha um nível médio de exposição aos meios de comunicação social, enquanto apenas 5% tinham um nível baixo de exposição aos meios de comunicação social.

Manwar (2005) observou que o número máximo de inquiridos (60,74%) tinha uma exposição média aos meios de comunicação social, enquanto 17,41% tinham uma exposição elevada e 21,85% tinham uma exposição reduzida aos meios de comunicação social, respetivamente.

Dhayarkar (2007) referiu que o número máximo de inquiridos (42,5%) tinha uma exposição reduzida aos meios de comunicação social, seguido de 39,17% e 18,33% dos inquiridos que tinham uma exposição média e elevada aos meios de comunicação social, respetivamente.

Bhagwat *et al.* (2010) observaram que a maioria dos membros do Gram Panchayat era de meia-idade, tinha o ensino primário, vivia numa família grande, tinha cosmopolitas médios, exposição aos meios de comunicação social, participação social, estatuto socioeconómico e experiência profissional.

Ango *et al.* (2012) indicaram que 45 por cento dos inquiridos se enquadravam na faixa etária dos 31-40 anos. Isto indicava que as mulheres agricultoras da área de estudo estavam na idade ativa e, por conseguinte, se esperava que adoptassem efetivamente novas ideias devido ao facto de poderem correr riscos.

Ango *et al.* (2013) concluíram que o nível de escolaridade tem uma relação positiva com as atitudes dos indivíduos em relação aos agentes de mudança e, como tal, uma atitude favorável à inovação. Revelaram também que a maioria (90%) dos agricultores era do sexo masculino, em idade produtiva ativa (31-42 anos), e que 50% deles tinham concluído o ensino islâmico, 20% tinham concluído o ensino superior, 18,9%, 7,8% e 3,3% dos agricultores tinham o ensino secundário, a educação de adultos e o ensino primário, respetivamente. Também encontraram uma relação positiva e significativa entre a educação formal e a adoção de inovações agrícolas.

Kumari *et al.* (2014) concluíram que a rádio era um poderoso meio de comunicação de massas com alcance até aos não-alcançados, principalmente devido ao seu baixo custo e à sua capacidade de estar presente e ser utilizada em todo o lado, o que se adequava à bolsa dos agricultores pobres e marginais de países em desenvolvimento como a Índia. Os investigadores provaram que se tratava de um dos meios mais eficazes para promover a agricultura e o desenvolvimento nas zonas rurais, nomeadamente como instrumento de transmissão de informações rápidas.

Lad e Deshmukh (2014) mostraram que a maioria dos inquiridos tinha um nível médio de experiência agrícola (58%), educação até ao nível do ensino secundário (58,67%), participação social média (65,33%) e pertencia a uma família conjunta (65,33%), 2 horas por dia como tempo de lazer (52%), propriedade semi-média (32.67%), a agricultura como ocupação (52,67%), nível médio de rendimento anual (82%), propensão para a inovação (69,33%), orientação científica (67,33%), orientação para o mercado (66%), sensibilização (46,67%) e comportamento de utilização dos meios de comunicação social (58,67%).

2.2: Medição da atitude dos agricultores em relação a diferentes tipos de meios de comunicação social

Patel (1991) descobriu que a maioria (75,71%) dos inquiridos tinha uma atitude favorável, enquanto que um número igual de inquiridos tinha uma atitude muito favorável (12,39%) e uma atitude menos favorável (11,90%) em relação ao programa de desenvolvimento de bacias hidrográficas.

Chahal (1992) concluiu que 61,11% e 55% dos inquiridos tinham uma atitude favorável em relação aos programas de rádio e televisão, respetivamente.

Kubde *et al.* (1992) relataram que 56,88 e 43,12% dos ouvintes de rádio agrícola expressaram uma atitude moderadamente e altamente favorável em relação à transmissão agrícola, respetivamente.

Shareef-Ud-Din (1994) observou que 97,50% dos inquiridos tinham uma atitude favorável em relação aos programas de rádio.

Meenakshisundram e Vijayraghavan (1997) referiram que 88,34% das mulheres agricultoras telespectadoras tinham uma atitude favorável em relação à televisão e apenas 5% tinham uma atitude menos favorável.

Mishra (2003) referiu que mais de 50 por cento dos agricultores dispunham de aparelhos de rádio e de televisão, mas apenas algumas pessoas assinavam jornais e revistas. A rádio e a televisão eram utilizadas ao máximo, enquanto a leitura de jornais e revistas era bastante reduzida. A utilização dos meios de comunicação social foi considerada adicional para informação política e entretenimento. Os inquiridos sugeriram algumas alterações no conteúdo dos meios de comunicação social em função das suas necessidades.

Sasidhar *et al.* (2011) salientaram que a escola agrícola na rádio com participantes registados teve um grande impacto no desenvolvimento da sensibilização, dos conhecimentos e das mudanças de atitude e no envolvimento dos utilizadores finais nas actividades de divulgação. Foram discutidas as implicações relacionadas com o aumento da escala e o aproveitamento do meio da rádio para disseminar informações de divulgação.

Bagdi e Kurothe (2016) revelaram que a maioria (71,83%) dos agricultores do sexo masculino tinha mostrado uma atitude moderadamente favorável em relação ao programa de Conservação do Solo e da Água (SWC), seguida por 16,90% deles com uma atitude pouco favorável e apenas 11,27% dos agricultores do sexo masculino mostraram uma atitude altamente favorável em relação à participação no programa SWC. Do mesmo modo, entre as mulheres agricultoras, a maioria (74,04%) teve uma atitude moderadamente favorável, seguida por cerca de 11,89% das agricultoras com uma atitude pouco favorável e 12,04% com uma atitude muito favorável em relação à participação no programa SWC para o desenvolvimento da bacia hidrográfica. Entre a maioria dos agricultores (72,70%), tanto homens como mulheres, mais de dois terços manifestaram uma atitude moderadamente favorável, seguidos de 16,07% que manifestaram uma atitude pouco favorável e apenas cerca de 11,23% que manifestaram uma atitude muito favorável em relação à participação no programa de bacias hidrográficas.

2.3:Padrão de utilização de diferentes tipos de meios de comunicação social entre os

agricultores

a) Estudos relacionados com o comportamento de escuta dos agricultores

Reddy (1990) indicou que dois terços dos inquiridos ouviam regularmente os boletins radiofónicos agrícolas e um terço ouvia-os ocasionalmente e conhecia os horários dos boletins radiofónicos. Afirmou ainda que a maioria dos inquiridos considerava que a atual velocidade dos boletins era suficiente e que o atual método de apresentação dos boletins era satisfatório.

Chahal (1992) constatou que a maioria dos agricultores comprava aparelhos de rádio para entretenimento, seguido de notícias e informações agrícolas e tinha conhecimento do nome, dos horários e da duração dos programas noturnos de rádio.

Singh *et al.* (1999) referiram que a rádio era a fonte impessoal de informação agrícola mais utilizada, seguida da televisão e da demonstração.

Mishra (2003) concluiu que a maioria dos ouvintes dos meios de comunicação social (98,15%) ouvia a rádio para obter notícias e informações, seguindo-se o entretenimento (42,59%). Uma pequena percentagem de ouvintes declarou ouvir a rádio para passar o tempo (4,63%) e como hábito 0,93%.

Irfan *et al.* (2006) descobriram que 59,2% dos inquiridos nunca ouviam emissões de rádio agrícolas, seguidos de 37,5 e 3,3% dos inquiridos que ouviam emissões de rádio raramente e ocasionalmente, respetivamente.

Praveena e Ramiah (2007) indicaram que todas as emissões agrícolas foram bem recebidas e populares entre a comunidade agrícola, uma vez que a maioria dos inquiridos ouvia as emissões agrícolas regularmente, com toda a atenção. A eficácia e a credibilidade das mensagens transmitidas pela rádio também foram evidenciadas, chamando a atenção da maioria dos agricultores, e ficou claro que as emissões radiofónicas agrícolas criaram um impacto definitivo e indelével nos agricultores.

Opera (2008) constatou que (88,10%) dos agricultores consideravam os agentes de extensão como a sua fonte de informação, seguidos pelos colegas agricultores, a rádio e a televisão, como indicado por (71,20%), (63,20%) e (43,30%) dos agricultores, respetivamente. A maioria (70%) dos agricultores preferiu os extensionistas em relação às outras fontes (incluindo a rádio, os amigos e familiares e a televisão).

Sharvan *et al.* (2009) referiram que o programa de rádio sobre a exploração agrícola e o lar era transmitido regularmente das 17 às 18 horas. Vinte e oito por cento dos ouvintes expressaram que o programa relacionado com a exploração agrícola lhes era útil. Os programas de rádio eram transmitidos em língua tribal e, por conseguinte, a esmagadora maioria dos agricultores era ouvinte de rádio.

Kant e Sujan (2010) concluíram que o comportamento de escuta dos agricultores de Jharkhand era positivo, mas que era necessário formular uma estratégia de comunicação sustentável e suficientemente forte para obter os resultados desejados.

Talwar *et al.* (2012) revelaram que 38,83%, 35% e 26,67% dos inquiridos tinham um nível médio, baixo e elevado de comportamento de escuta, respetivamente.

Kakade (2013) indicou que os programas de rádio agrícolas eram os segundos mais credíveis, a seguir aos extensionistas agrícolas. Isto pode dever-se ao facto de os extensionistas estarem muito disponíveis na aldeia e darem a informação no formato necessário. Era óbvio que os programas das unidades agrícolas e domésticas deveriam ser mais eficazes para alcançar uma credibilidade elevada. Além disso, o conteúdo dos programas radiofónicos agrícolas, uma vez difundido, deveria ser disponibilizado em formato impresso e possivelmente também em formato áudio em todos os Raita Salaha Kendras (Centro de Aconselhamento para Agricultores) para referência dos agricultores.

b) Estudos relacionados com o comportamento visual dos agricultores

Chahal (1992) referiu que 50, 60,56 e 58,33% dos inquiridos tinham conhecimento e 45,56, 39,44 e 41,67% dos inquiridos desconheciam o nome exato, a hora e a duração da transmissão do programa Krishi Darshan, respetivamente. Por outro lado, 45,55%, 32,72% e 21,67% dos inquiridos assistiam ao programa Krishi Darshan de forma causal, frequente e regular, respetivamente. Além disso, a maior parte dos aparelhos de televisão destinava-se à aquisição de entretenimento, preservando a informação transmitida através do KDP através da simples memorização. Apenas 11,67% dos inquiridos mantinham uma leitora para conservar a informação.

Deshpandey e Kelmagh (1992) constataram que 76% dos inquiridos viam televisão para fins de entretenimento.

Mane e Shetay (1992) referiram que a maioria dos agricultores via o programa de televisão agrícola com maior curiosidade e regularidade.

Sodhi e Sangha (1992) concluíram que as características sociopessoais, nomeadamente a idade, a dimensão da família, a propriedade fundiária, a participação social e a exposição aos meios de comunicação social, não afectam muito a visualização de programas agrícolas na televisão.

Ingole *et al.* (1993) concluíram que 86 e 61% dos inquiridos viam televisão para entretenimento e educação, respetivamente. Verificou-se também que 73,1% dos inquiridos não possuíam aparelhos de televisão e que utilizavam esta possibilidade de visualização no Gram Panchayat ou na escola. Verificou-se que 43% das pessoas viam televisão diariamente e 93% viam-na num local público.

Saxena *et al.* (1995) concluíram que a maioria dos inquiridos tinha reconhecido a rádio e a televisão como modos de comunicação importantes para a divulgação da tecnologia agrícola.

Kashem e Hossain (2000) presumiram que a utilidade da televisão como meio de informação agrícola pelos agricultores seria influenciada pelas suas várias características. Foram consideradas onze características dos agricultores telespectadores para determinar a sua relação com a perceção que têm da utilidade da televisão como meio de informação.

Nadre (2000) referiu que a fonte de informação mais importante era o Gram vistarak, que foi mencionado como fonte de informação por 80,7% dos inquiridos, e que outras fontes importantes eram a rádio e a televisão, mencionadas por 76,9% e 71,6% dos inquiridos, respetivamente.

Singh (2002) referiu que a maioria dos agricultores recorreu a agências privadas, vizinhos e amigos como fontes de informação e a discussões de grupo, reuniões de grupo e televisão como canais de informação para diferentes pacotes de práticas.

Mishra (2003) referiu que a maioria dos telespectadores (94,44%) via televisão ao fim da tarde, seguidos pelos que também a viam de manhã (19,44%). O número de telespectadores que vêem televisão à tarde e à noite é de apenas 6,48% e 1,85%, respetivamente.

Bhagat *et al.* (2004) constataram que a maioria dos agricultores era analfabeta e possuía pequenas explorações. A frequência de utilização de fontes de informação como os contactos com os agricultores, o pessoal da extensão, a rádio, a televisão e os cientistas das universidades agrícolas foi muito superior à de outras fontes utilizadas para obter informações sobre tecnologia agrícola. Além disso, os inquiridos preferiam procurar informação agrícola através de contactos com agricultores, pessoal de extensão, rádio, televisão e cientistas de universidades agrícolas do que através das fontes de informação anteriores.

Meenambigai e Seetharaman (2004) referem que a maior parte dos agricultores e das agricultoras vêem televisão à noite, seguindo-se a tarde, a manhã e a noite.

Chapke e Bhagat (2005) referiram que as principais razões atribuídas ao declínio das tendências em todos os meios de comunicação tradicionais foram a fraca apresentação dos artistas populares (37,98%), seguida da fácil disponibilidade de uma variedade de programas na televisão (25,74%).

Sharma *et al.* (2005) referiram que a maioria dos inquiridos que possuíam um aparelho de televisão e que o número de telespectadores regulares era extremamente baixo. Isto pode dever-se à falta de tempo e, até certo ponto, à falta de motivação para os programas agrícolas, mas os inquiridos que viam esses programas viam-nos completamente e compreendiam-nos moderadamente.

Irfan *et al.* (2006) descobriram que o máximo (47,5%) dos inquiridos assistia raramente a programas de televisão sobre agricultura, seguido de 35,8% dos inquiridos que nunca assistiam a programas sobre agricultura.

Vashishtha *et al.* (2008) constataram que a maioria dos agricultores mantinha contactos regulares e presenciais com os seus amigos, colegas agricultores, agricultores progressistas e vizinhos.

Sharvan *et al.* (2009) referiram que apenas 4 e 14 por cento dos agricultores viam regularmente e ocasionalmente programas relacionados com a agricultura na televisão, o que se devia ao facto de a maioria dos agricultores tribais não conhecerem bem a língua hindi.

Roy *et al.* (2010) revelaram que mais de metade dos inquiridos viam televisão regularmente, 38% e 44% dos jovens rurais ouviam regularmente e ocasionalmente os programas da All India Radio, respetivamente.

Odiaka (2010) revelou que, entre os produtores de arroz, a rádio era utilizada por (83%), a televisão por (39%) e os telemóveis por (55%) dos agricultores.

Khan *et al.* (2013) referiram que a maioria dos inquiridos classificou a televisão em 1st no que diz respeito à perceção da eficácia da informação relativa às práticas agronómicas, com uma pontuação de 162, seguida dos telemóveis em 2nd com uma pontuação de 129 e da rádio em 3rd com uma pontuação de 75. No que diz respeito às medidas fitossanitárias, os telemóveis foram classificados em 1st com uma pontuação de 96, seguidos da televisão em 2nd com uma pontuação de 92 e da rádio em 3rd com uma pontuação de 55.

Singh *et al.* (2014) revelaram que a maioria dos agricultores tinha um nível baixo a médio de comportamento de visionamento em relação ao KDP. Mais de cinquenta por cento dos agricultores sabiam o nome exato do KDP e a hora e duração da sua transmissão. No entanto, apenas 21,5% dos agricultores viam o PDC regularmente. A maioria dos agricultores não preservou a informação agrícola através de notas, diários ou gravações de vídeo para referência posterior. No entanto, simplesmente memorizavam e discutiam os conteúdos do PDC com outros agricultores e membros da família. Os atributos pessoais e sócio-psicológicos dos agricultores, com exceção da idade, têm uma correlação positiva com o seu comportamento de visualização.

Goswami e Godawat (2017) revelaram que mais de 70% dos inquiridos sabiam o nome, o dia, o horário e a duração correctos dos programas relacionados com a agricultura e o lar transmitidos em diferentes canais. Além disso, os resultados do estudo também revelaram que a maioria dos inquiridos preferia o horário da noite e o modo de apresentação da demonstração.

Ravichamy *et al.* (2017) observaram que a grande maioria dos inquiridos (87,7%) tinha aparelhos de televisão próprios e 18% dos inquiridos preferiam ver os programas agrícolas na televisão. Verificou-se também que metade dos inquiridos (52%) não estava satisfeita com a televisão como meio de divulgação de informação agrícola.

c) Estudos relacionados com o comportamento de leitura dos agricultores

Vijayraghvan *et al.* (1997) referiram que 39,68% dos inquiridos partilhavam a informação após a leitura de revistas/diários com os amigos, seguidos de familiares e vizinhos (27,78%). Verificou-se também que, para a maioria dos inquiridos, as lojas de chá eram a principal fonte de leitura dos jornais diários, ao passo que os amigos/vizinhos eram a principal fonte de leitura das revistas. Verificou-se também que a maioria dos inquiridos dedicava menos de meia hora à leitura de jornais e revistas agrícolas. Davam importância aos acontecimentos actuais nos jornais diários e à política nas revistas, armazenando a informação por memorização.

Pareek (2001) referiu que, no que respeita aos meios de comunicação impressos, os agricultores, ao procurarem informação, classificaram o folheto agrícola em primeiro lugar, enquanto os jornais e as revistas agrícolas ficaram em segundo e terceiro lugar, respetivamente.

Mishra (2003) referiu que a maioria dos leitores (93,41%) lê jornais para obter notícias e informações, seguindo-se o entretenimento (32,98%) e o passar o tempo (24,18%). No entanto, poucos leitores (12,09%) lêem-nos como um hábito.

Sharma *et al.* (2003) concluíram que a maioria dos jornais tem uma coluna regular para os agricultores. Era uma boa maneira de comunicar com os agricultores de uma forma amigável. É possível chegar até eles através de uma coluna de jornal. Escrever bem é um trabalho criativo. Era um trabalho meticuloso, mas dava uma sensação de satisfação e prazer de realização.

Khushk e Memon (2004) referiram que a produção e a distribuição de material impresso ajudaram os agricultores a transferir novas informações e tecnologias. A impressão ajudou a proteger as tecnologias sob a forma de livros/folhetos, revistas, jornais e brochuras.

Kumar e Manhas (2008) referiram que o número máximo de artigos publicados nos jornais diários seleccionados era sobre agricultura geral (23,18%). Seguiram-se os artigos sobre ambiente (17,39%). Surpreendentemente, a distribuição de artigos sobre ciências veterinárias e horticultura foi de apenas 11,59% e 8,69%, respetivamente.

Vashishtha *et al.* (2008) referiram que era desencorajador verificar que apenas uma pequena proporção de inquiridos tribais e não tribais tinha o hábito de emprestar literatura impressa a outras pessoas.

Yadav *et al.* (2008) concluíram que o jornal foi identificado como a terceira fonte de informação agrícola mais credível pelo total de produtores de feno-grego (MPS 77,08).

Gote (2009) concluiu que, no que se refere ao comportamento de leitura de jornais, o maior número de inquiridos, ou seja, 57,43%, lia o jornal semanalmente, seguido de diariamente (23,43%), ocasionalmente (15,63%) e raramente (3,52%), respetivamente. Relativamente ao comportamento de audição de rádio, 47,65% ouviam rádio diariamente, seguido de semanalmente (38,67%), ocasionalmente (11,72%) e raramente (1,96%). Quanto ao comportamento de ver televisão, 36,32% viam televisão semanalmente, seguido de ocasionalmente (33,20%), raramente (21,88%) e diariamente (8,60%), respetivamente.

Immanuel e Kanagasabapathy (2009) afirmaram que a ligação através dos canais dos meios de comunicação de massas, como palestras na rádio (37,5 por cento), preparação de folhetos para os pescadores (25 por cento), escrita em jornais (22,5 por cento) e escrita em revistas de pesca (17,5 por cento), foi inferior a 40 por cento. A oportunidade para os investigadores utilizarem estes meios de comunicação para chegarem aos pescadores era muito limitada. A maioria dos investigadores pode estar a publicar artigos de investigação em revistas científicas e a sua contribuição para revistas regionais locais pode ser limitada.

Ayoade (2010) concluiu que a maioria dos inquiridos (93,31%) considerava o jornal eficaz, seguido de 88,30% que consideravam os cartazes eficazes e 50,80% que consideravam a rádio e a televisão eficazes.

Ghadei (2011) referiu que 31,85% dos investigadores realizaram investigações sobre métodos de extensão e estudos de comunicação relativos à imprensa escrita e aos meios electrónicos.

Hasan e Sharma (2011) referem que 90% das mulheres urbanas lêem jornais para obter informações e notícias para entretenimento. Quase 65% das inquiridas lêem revistas por vezes e 10% lêem-nas regularmente.

Turkyilmaz (2014) concluiu que as atitudes dos alunos do ensino secundário em relação à leitura diminuíram no caso do aumento da utilização dos meios de comunicação social contemporâneos e da posse destas ferramentas; enquanto a atitude em relação à leitura aumentou com a leitura. Além disso, verificou-se que houve um aumento da atitude em relação à leitura juntamente com o aumento da taxa de leitura e de acompanhamento de revistas e jornais, que podem ser designados como ferramentas tradicionais. No entanto, foi detectado que ter uma conta em redes sociais como o Facebook e o Twitter teve um efeito negativo na atitude em relação à leitura.

d) Estudos relacionados com o comportamento de perceção de utilidade dos agricultores

Lekule (2000) revelou que 67,33% dos inquiridos tinham uma perceção de utilidade média, enquanto 18% dos inquiridos tinham uma perceção de utilidade baixa e 14,66% dos inquiridos tinham uma perceção de utilidade alta do jornal.

Dabhade (2001) observou que 67,5 por cento dos inquiridos tinham uma perceção de utilidade média, seguidos de 17,5 por cento com uma perceção de utilidade baixa e 15 por cento com uma perceção de utilidade elevada do leitor de literatura.

Irfan *et al.* (2005) revelaram que a maioria dos inquiridos classificou a televisão como 1st quanto à sua eficácia na divulgação de tecnologias agrícolas, com um valor de 372 pontos, seguida da rádio, com um valor de 208 pontos, e dos jornais, com um valor de 206 pontos.

Naganikar (2005) referiu que a maioria dos inquiridos (63,34%) tinha uma perceção de utilidade média, seguida de 22,5% com uma perceção de utilidade elevada e 14,16% com uma perceção de utilidade baixa do leitor.

Patil (2007) encontrou o maior número de inquiridos (71,67%) com uma perceção de utilidade média. Seguiu-se a perceção de utilidade elevada, que incluía (15,83%) dos inquiridos, enquanto 12,5% dos inquiridos tinham uma perceção de utilidade reduzida do jornal.

Gote (2009) concluiu que a perceção de utilidade do jornal, em termos de componentes, entre os inquiridos era a capacidade de leitura (44,07 por cento), credibilidade (18,15 por cento), oportunidade (23,56 por cento), compreensibilidade (43,06 por cento), praticabilidade (19,04 por cento), etc. As percepções de utilidade da rádio entre os inquiridos foram a capacidade de ouvir (52,53%), a credibilidade (17,68%), a atualidade (23,56%), a compreensibilidade (43,06%), a praticabilidade (19,04%), etc. As percepções de utilidade da televisão entre os inquiridos foram a capacidade de visualização (40,16%), a credibilidade (16,90%), a oportunidade (24,22%) e a compreensibilidade (42,96%), etc.

Lad e Deshmukh (2014) descobriram que a maioria dos inquiridos tinha uma perceção de utilidade média da televisão (73,33%), da rádio (68,66%), do jornal (65,33%) e dos meios de comunicação social (50,67%).

e) Estudos relacionados com o comportamento de feedback dos agricultores

Chahal (1992) referiu que três quartos dos agricultores que ouviam rádio e dos que viam televisão tinham um comportamento de feedback baixo, 45,56, 24,44, 10, 20,56 e 6.67% dos agricultores declararam que abordaram os seus colegas agricultores, extensionistas de base, extensionistas de nível distrital, agricultores progressistas, funcionários da rádio agrícola e cientistas agrícolas para obterem informações adicionais sobre o tópico da emissão agrícola e os agricultores que assistem à televisão abordaram os seus colegas agricultores, extensionistas (VEWs/ ADO/ CAO), pessoal da extensão de nível distrital, agricultores progressistas, funcionários da televisão agrícola e cientistas agrícolas para obterem informações adicionais sobre os tópicos da emissão agrícola, enquanto 38,33, 25, 11,11, 19,44, 6,67 e 14,14%, respetivamente.

Shareef-Ud-Din (1994) observou que a maioria dos agricultores ouvintes tinha um comportamento de feedback baixo. No entanto, 52,50% e 48,83% dos inquiridos tinham discutido o conteúdo da emissão agrícola com os seus familiares e vizinhos.

Immanuel e Kanagasabapathy (2009) concluíram que cerca de 65% dos investigadores contactavam os pescadores por telefone e 32,50% utilizavam este método "às vezes". Para obter feedback dos pescadores sobre o desempenho da tecnologia no terreno, os investigadores costumavam contactar os pescadores por telefone.

Comportamento de utilização dos meios de comunicação social

Patel *et al.* (1993) observaram que os canais dos meios de comunicação social, como a rádio, a televisão e os jornais, eram utilizados pela maioria dos agricultores das aldeias progressistas, enquanto os canais interpessoais, como os familiares e os vizinhos, eram utilizados pela maioria dos agricultores das aldeias menos progressistas.

Singh (2002) referiu que os canais mais utilizados pelos agricultores eram a discussão em grupo, a televisão, a rádio e os jornais, respetivamente. Além disso, a maioria dos agricultores utilizou os vizinhos (83%), agências privadas (25%) e amigos (50%) como fonte de informação.

Bhagat *et al.* (2004) referiram que a credibilidade atribuída pelos agricultores aos agricultores de contacto, ao pessoal de extensão, à rádio, à televisão e aos cientistas da Universidade Agrícola era superior à de outras fontes de informação.

Gunawardana (2005) referiu que a maioria dos agricultores recorria a amigos, vizinhos, chefes de aldeia e supervisores agrícolas como as fontes de informação mais utilizadas e que as reuniões do Kisan Mandal, a rádio, os jornais e a televisão eram os canais de informação mais utilizados para as diferentes práticas agrícolas nas zonas tribais e não tribais.

Yadav e Khan (2005) relataram que a maioria dos agricultores (62%) tinha um nível médio de utilização de diferentes fontes de informação. Apenas 21% dos agricultores pertenciam à categoria de alto nível de utilização de diferentes fontes de informação e 17% dos agricultores tinham utilizado diferentes fontes de informação até um nível baixo.

Eshetu (2008) afirmou que os SMS utilizavam diferentes métodos de formação, incluindo palestras, discussões em grupo, dramatizações, exercícios práticos de resolução de problemas, demonstrações e estudos de caso. No entanto, à exceção de palestras e discussões em grupo, a utilização de outros métodos foi muito baixa. Os métodos de comunicação mais utilizados foram o contacto individual (cara a cara), seguido dos métodos de grupo e de massa. Concluiu-se também que a maioria dos extensionistas não utilizou folhetos/manuais, cartazes e panfletos. No entanto, o pessoal da extensão utilizou demonstrações, modelos e espécimes durante a comunicação com os agricultores e entre eles próprios.

Odiaka (2010) analisou para determinar a extensão das variações em três zonas agrícolas. Foram recolhidos dados de 250 agricultores seleccionados aleatoriamente das zonas A, B e C. A maioria (83,3 por cento) dos agricultores utilizava a rádio na zona A, 80,7 por cento na zona B e 79,5 por cento na zona C. A utilização da televisão indicou que 21,4 por cento, 33 por cento e 39,7 por cento nas zonas, enquanto a utilização do telemóvel mostrou que 76,2 por cento, 47,7 por cento e 55,1 por cento nas zonas, respetivamente. Os resultados da ANOVA indicaram uma variação mais ampla na utilização da rádio (SS = 0,063 entre zonas e 38,101 dentro de cada zona) com um rácio f (0,206) que foi considerado insignificante (0,814) a um nível de probabilidade de 5 por cento, televisão (SS = 1,398 entre zonas e 52.266 dentro de cada zona) com um rácio f (3,305) foi considerado significativo (0,038) a um nível de probabilidade de 5% e o telemóvel (SS = 3,708 entre zonas e 56,488 dentro de cada zona) com um rácio f (8,108) foi considerado significativo (0,000) a um nível de probabilidade de 1%.

Sakthivel *et al.* (2012) concluíram que, no que diz respeito à audição de rádio, uma percentagem apreciável (30,5%) dos inquiridos ouvia rádio algumas vezes por semana, cerca de 16,5% ouvia rádio diariamente, cerca de 16,5% ouvia rádio uma vez por semana, 6,5% ouvia menos de uma vez por semana e 16,5% dos inquiridos nunca ouvia rádio. Quanto à televisão, uma percentagem apreciável (40 por cento) dos inquiridos via televisão todos os dias, 24,5 por cento via televisão algumas vezes por semana, cerca de 14 por cento via televisão uma vez por semana, 6,5 por cento via televisão menos de uma vez por semana e 15 por cento dos inquiridos nunca via televisão. Quanto à leitura de jornais, a maioria dos inquiridos (54%) nunca leu um jornal. Apenas 12,5 por cento dos inquiridos lêem o jornal diariamente, cerca de 9,5 por cento lêem o jornal sempre que têm tempo e 24 por cento lêem-no às vezes.

Lekshmi *et al.* (2015) revelaram que a maioria (60 por cento) tinha o ensino primário, 90 por cento possuía rádio e a maior parte era membro de Grupos de Discussão de Agricultores (GDA) e ouvia regularmente programas agrícolas na rádio. Também eram membros de clubes de jovens, Magalir Mandrams (associações de mulheres) e fóruns de comunicação social. Além disso, estas mulheres frequentavam regularmente programas de formação em agricultura e áreas afins, ministrados pelo Krishi Vigyan Kendra (KVK) da Universidade Agrícola de Tamil Nadu. Apenas 10% das mulheres eram assinantes regulares de revistas agrícolas.

Enwelu (2017) mostrou que o telemóvel (X = 3,42) era altamente acessível aos extensionistas. Além disso, o telemóvel estava disponível no escritório do ADP e era utilizado com muita frequência. Os factores que militavam contra o acesso e a utilização das TIC pelos extensionistas eram: fracas competências em TIC, apoio inadequado por parte da organização e do governo e elevado custo de manutenção das ferramentas de TIC. O número de TICs possuídas mostrou uma influência significativa no nível de utilização das TICs entre os extensionistas. O acesso e a utilização das TIC no PEA do Estado de Anambra foram relativamente baixos e é necessária uma intervenção dos governos e das organizações não governamentais.

Saleh (2018) indicou que o uso de meios de comunicação impressos na divulgação de informações na agricultura pode não ser adequado para ensinar agricultores com educação limitada; além disso, as informações preparadas para circulação geral podem não ser úteis para todos os indivíduos e localidades. Embora os agricultores rurais enfrentem desafios na utilização de telemóveis, como a impossibilidade de ter acesso a cartões telefónicos regularmente, a flutuação nas recepções de rede e a energia constante para carregar, o telemóvel tem um impacto positivo.

Shinde *et al.* (2019) mostraram que a maioria dos leitores (68,34%) tinha um comportamento médio de utilização da informação agrícola e que variáveis independentes como a educação, a propriedade fundiária, o rendimento anual, a participação social, o hábito de leitura, a motivação económica e a cosmopolitismo tinham uma correlação positiva com o comportamento de utilização da informação agrícola dos inquiridos a um nível significativo de 5% e 1%, respetivamente. A idade e a profissão apresentaram uma correlação negativa e não significativa com o comportamento de utilização da informação agrícola.

2.4: Preferências dos agricultores em relação aos meios de comunicação social

Kukrety e Singh (1994) observaram que a maioria (73,72%) dos inquiridos utilizava a rádio, seguida da televisão, do jornal e da revista agrícola, que não era utilizada para obter informações na aldeia.

Patel *et al.* (1995) descobriram que, entre os inquiridos das aldeias progressistas, a rádio era a fonte de informação mais credível. Seguiram-se a televisão, os técnicos de extensão agrícola rural, os agricultores progressistas, os jornais, as revistas e os líderes locais. Nas aldeias menos progressistas, a fonte de informação mais credível era a dos técnicos de extensão agrícola rural, seguida dos agricultores progressistas, dos líderes locais, da televisão, da rádio, dos jornais e das revistas.

Vekaria e Pandya (1995) constataram que a literatura, os jornais, a rádio, a televisão e o Krishi Mela eram utilizados para obter informações por 24,83%, 22,67%, 16,83%, 8,50% e 3,67% dos inquiridos, respetivamente.

Sarkar (1997) referiu que a rádio, a televisão, os jornais e os folhetos eram as fontes de comunicação mais frequentemente utilizadas.

Shrivastava *et al.* (1998) referiram que as fontes consultadas, por ordem de importância, eram a rádio, os colegas de trabalho, os agricultores progressistas, as publicações de extensão, as agências privadas de factores de produção, a televisão e a consulta dos cientistas.

Kashem (1999) referiu que no Bangladesh os três meios de contacto mais preferidos eram os vizinhos, os amigos e a rádio. No Japão, os três meios de comunicação mais preferidos eram as sociedades cooperativas, os jornais e os líderes de opinião.

Allan *et al.* (2003) referiram que as fontes de informação agrícola mais credíveis para os agricultores eram a rádio e a televisão, seguidas das revistas e dos jornais.

Mishra (2003) referiu que a maioria dos agricultores utilizava os meios de comunicação social para obter notícias e informações, enquanto as revistas eram lidas sobretudo para fins de entretenimento. Mais de metade dos leitores de jornais e revistas lêem-nos durante meia hora, ao passo que a rádio e a televisão ficam ligadas durante meia hora a uma hora.

Chhachhar et al. (2012) indicaram que a maioria (87,7%) dos inquiridos tem o seu próprio aparelho de televisão. Entretanto, apenas (18%) dos inquiridos preferem ver programas relacionados com a agricultura na televisão e (54,3%) dos inquiridos disseram que a televisão não é a principal fonte de divulgação de informação sobre agricultura. Além disso, foi revelado que (6,3%) dos inquiridos disseram que os programas de televisão melhoraram a sua fonte de rendimento.

Lahiri e Mukhopadhyay (2012) estudaram que a maior parte da informação agrícola foi difundida na categoria "Deliberação" e, como tal, observou-se uma sazonalidade em termos de difusão de informação agrícola. Os agricultores preferiram sobretudo informações agrícolas relativas à transferência de tecnologia, ao desenvolvimento rural, à comercialização agrícola e à previsão meteorológica.

Devaraj e Ravichandran (2014) referiram que, de entre os diferentes canais de comunicação social, a rádio e a televisão estavam a tornar-se populares para programas de entretenimento nas explorações agrícolas, em casa e na comunidade.

Ani *et al.* (2015) revelaram que a televisão (90,83 por cento), a rádio (89,17 por cento) e o telemóvel (81 por cento) constituíam os meios de comunicação social mais disponíveis.

Bala *et al.* (2015) revelaram que o rádio foi a principal fonte de informação de um número substancial (37,50%) dos inquiridos. No entanto, 38,75 por cento dos inquiridos preferem a televisão e a maioria (71,25 por cento) concorda que os programas são transmitidos numa linguagem comum.

Kumar *et al.* (2017) analisaram o papel dos meios de comunicação social na divulgação de informações agrícolas. De acordo com o estudo, os agricultores dependiam sobretudo dos meios de comunicação social tradicionais, como a televisão, a rádio e as revistas. Estavam menos conscientes dos apoios agrícolas disponíveis através dos meios de comunicação modernos, como a Internet.

2.5: Relação entre as características pessoais, sócio-psicológicas e de comunicação dos agricultores e a sua atitude em relação aos meios de comunicação social e ao comportamento de utilização dos mesmos

Devendrappa *et al.* (1995) referiram que a idade dos inquiridos estava relacionada de forma positiva, mas não significativa, com o seu comportamento de escuta, enquanto se observou uma relação positiva e significativa entre a educação dos inquiridos e o seu comportamento de escuta. A propriedade fundiária e a participação social dos inquiridos estavam negativamente, mas de forma não significativa, relacionadas com o seu comportamento de escuta.

Hazarika e Tyagi (2001) observaram que a educação dos inquiridos, a sua atitude em relação à produção leiteira e o seu comportamento de ouvinte de rádio estavam significativa e positivamente associados à utilização das fontes.

Pareek (2001) referiu que a atitude dos agricultores estava positiva e significativamente associada à educação, à participação social, à dimensão da propriedade fundiária e ao estatuto socioeconómico, enquanto a idade não estava significativamente associada à sua atitude em relação aos meios de comunicação social.

Awasthi *et al.* (2002) verificaram que a educação, a participação na extensão, o índice de mecanização das explorações agrícolas e a motivação económica estavam significativamente associados à atitude dos agricultores, ao passo que a dimensão da família não estava associada à atitude dos agricultores em relação a práticas leiteiras melhoradas.

Singh (2002) referiu que o comportamento de procura de informação dos agricultores estava positiva e significativamente associado ao seu estatuto socioeconómico, dimensão da propriedade, educação, participação social e poder agrícola.

Saini (2005) referiu que a atitude dos agricultores estava positiva e significativamente associada à sua educação e participação social, ao passo que a dimensão da propriedade não estava significativamente associada à sua atitude em relação à tecnologia antiparasitária.

Ghadi (2008) referiu que uma percentagem significativa dos inquiridos (65%) tinha uma perceção de utilidade média dos anúncios agrícolas, seguida de 18,33% e 16,67% que tinham uma perceção de utilidade baixa e alta dos anúncios agrícolas, respetivamente.

Badodiya *et al.* (2010) revelaram que a maioria dos inquiridos considerava o telecast agrícola eficaz na transferência de tecnologia agrícola. Os atributos, nomeadamente o nível de escolaridade, o contexto familiar, a participação social, a propriedade fundiária, o rendimento anual, a orientação para o crédito, a situação económica, a atitude em relação ao telecast agrícola, a crença no telecast e a participação na extensão, foram considerados como tendo uma relação significativa com a eficácia do telecast agrícola. O coeficiente de determinação múltipla (R2) mostrou que todas as onze variáveis explicaram conjuntamente 56% da variação na eficácia do telecast agrícola.

Raghuprasad *et al.* (2012) revelaram que mais de dois quintos (40,83%) dos agricultores tinham uma atitude favorável em relação às ferramentas TIC, seguidos de 31,67% que tinham uma atitude menos favorável e 27,50% tinham a atitude mais favorável. As variáveis educação, posse da terra, rendimento anual, motivação económica, orientação para o risco, orientação científica e participação na extensão tiveram uma relação positiva e significativa com a atitude dos agricultores em relação às ferramentas TIC.

Talwar *et al.* (2012) concluíram que a participação social dos inquiridos estava positivamente correlacionada com o comportamento de escuta. Isto deveu-se ao facto de o público poder ter adquirido conhecimentos sobre a rádio comunitária Krishi através da sua participação em actividades sociais. Também foi referido que 44% da variação do comportamento de escuta se deveu à participação nos meios de comunicação social, a participação nos meios de comunicação social e a posse de material contribuíram para 54,60% da variação, a participação nos meios de comunicação social, a posse de material e a participação na extensão contribuíram em conjunto para 60,30% da variação. Por último, as três variáveis supracitadas e a utilização dos meios de comunicação contribuíram em conjunto para 61,7% da variação do comportamento de escuta.

Aruna e Rani (2013) salientaram que a maioria dos ouvintes de rádio comunitária tinha um nível muito elevado de comportamentos de escuta. As características do perfil, nomeadamente o tempo passado em casa, as actividades agrícolas e as actividades económicas e a exposição aos meios de comunicação social tradicionais, estão significativamente correlacionadas com o comportamento de escuta dos ouvintes de rádio comunitária.

Ango *et al.* (2013) revelaram que a maioria dos agricultores obteve informação agrícola através de programas agrícolas radiofónicos (97,8%), dos quais a maioria teve acesso à informação através do formato de discussão por um perito e pelos extensionistas (77,8%). Os resultados também revelaram que os agricultores adoptaram a informação divulgada através da rádio, que foi considerada altamente relevante (32,2%) para as actividades agrícolas dos agricultores. Os agricultores adquiriram conhecimentos sobre práticas de gestão agrícola (26,7%), prevenção de perdas pós-colheita (17,8%) e aplicação adequada de fertilizantes (16,70%), que foram considerados muito importantes e eficazes. A análise do qui-quadrado mostrou que existia uma relação significativa entre o tipo de programas agrícolas transmitidos pela rádio e os conhecimentos adquiridos pelos agricultores (X2=94,2, P<0,03).

Garg *et al.* (2014) concluíram que a atitude em relação à participação alargada na radiodifusão agrícola, a crença na radiodifusão e os conhecimentos sobre a radiodifusão agrícola apresentaram uma relação significativa com as variáveis dependentes da eficácia da radiodifusão agrícola a um nível de probabilidade de 1 por cento.

Kumar *et al.* (2017) referiram que a maioria dos agricultores ouvintes de rádio concordava fortemente com afirmações como "Os programas de rádio transmitem-nos os conhecimentos técnicos mais recentes sobre tecnologias agrícolas melhoradas", ao passo que a maioria discordava fortemente de afirmações como

"Possuir um rádio era inútil e um desperdício de dinheiro". Observou-se também que existia uma relação positiva e significativa entre a atitude e as variáveis independentes seleccionadas, nomeadamente a idade, a educação, a profissão, a participação social, a exposição aos meios de comunicação social e a orientação científica, ao passo que a variável profissão não foi considerada significativa.

Chaitra *et al.* (2019) revelaram que a maioria (65%) dos inquiridos tinha 10-20 anos de experiência agrícola, enquanto 20% dos agricultores tinham mais de 20 anos de experiência agrícola. O estudo também revelou que 35 por cento dos inquiridos tinham formação até ao ensino secundário. A associação das características do perfil dos agricultores leitores com o hábito de leitura indicou que, das 11 variáveis independentes, como a idade dos agricultores, a educação, a propriedade fundiária, a experiência agrícola, o rendimento anual, a cosmopolitismo, o contacto com a agência de extensão e a participação na extensão, apresentaram uma relação significativa com a variável dependente, o hábito de leitura, e a propensão para a inovação, a participação nos meios de comunicação social e a participação política apresentaram uma relação não significativa com a variável dependente, os hábitos de leitura dos inquiridos relativamente às publicações agrícolas.

2.6: Constrangimentos sentidos pelos agricultores na utilização dos diferentes meios de comunicação social

Prunella e Ravichandran (2001) descobriram que a falta de interesse (68,66 por cento), a responsabilidade doméstica (61,33 por cento), um pequeno tipo de exploração agrícola (58,66 por cento) e as normas culturais (53,33 por cento) foram expressas como barreiras para a não utilização dos meios de comunicação social. A falta de competências para operar a televisão e o rádio (18,66%), a falta de meios de comunicação (13,33%), a falta de regularidade na obtenção de revistas agrícolas (15,33%) e a falta de educação (8,66%) foram barreiras para menos de um terço dos inquiridos.

Singh (2002) referiu que os principais constrangimentos enfrentados pelos agricultores na utilização de várias fontes e canais de informação eram o facto de os supervisores agrícolas fazerem um número muito reduzido de visitas aos campos dos agricultores, o facto de os agricultores progressistas desviarem a informação agrícola fornecida pelas agências de extensão e o facto de os supervisores agrícolas não estarem disponíveis nas suas sedes quando os agricultores precisavam.

Vinkare (2002) referiu que as mulheres rurais expressaram constrangimentos como a falta de tempo de lazer devido à sobrecarga de trabalho doméstico (89,16%), a falta de tempo devido ao trabalho agrícola (56,66%), a disponibilidade de eletricidade (27,5%) e 9% das mulheres expressaram que não era possível ver televisão na presença de membros masculinos da família. As agricultoras também deram algumas sugestões para melhorar o programa de televisão, como a hora mais conveniente para ver televisão, que era à tarde (68,33%), seguida de 33,33% à noite e 10,83% à noite. Exatamente 54,16% expressaram que a duração do programa deveria ser de cerca de meia hora, seguidos de 31% e 7,5% que expressaram uma hora e mais de uma hora como a duração conveniente de um programa de televisão, respetivamente. 88,33% dos inquiridos afirmaram que o tema do programa de televisão deveria ser divertido e 93,33% afirmaram que o programa de televisão deveria ser em língua marata.

Prasad *et al.* (2003) referiram, com base no seu estudo recente, que, entre os meios de comunicação social, a rádio, a imprensa e a televisão eram os mais atractivos, mas não se revelaram potentes, numa aldeia dominada por tribos. As razões subjacentes a esta situação foram as más condições económicas, a falta de eletricidade, a falta de formação adequada dos meios de comunicação social em causa e a não utilização da língua do povo.

Stratakis (2004) observou que a distância entre as fontes de informação e as zonas rurais, juntamente com eventuais obstáculos geográficos, impedia a propagação dos meios de comunicação, bem como a difusão efectiva da informação. Esta situação alargou o fosso digital e a necessidade de colmatar esse fosso era mais urgente do que nunca.

Akpabio *et al.* (2007) realizaram um estudo centrado nos constrangimentos que afectam a utilização das tecnologias de informação e comunicação (TIC) nas actividades de extensão agrícola pelos técnicos de extensão agrícola na região do Delta do Níger, na Nigéria, e referiram que os constrangimentos específicos importantes eram o fraco desenvolvimento das infra-estruturas das TIC, o elevado custo do equipamento de difusão, os elevados custos das apresentações na rádio e na televisão, o elevado custo do acesso/interconectividade e os problemas de energia eléctrica.

Agwu *et al.* (2008) observaram que os principais constrangimentos à adoção de tecnologias agrícolas melhoradas pelos agricultores incluíam a curta duração do programa, a programação inadequada do programa, a incapacidade de fazer perguntas relevantes e obter feedback do apresentador da rádio e a linguagem utilizada na apresentação do programa. A constatação sugeriu ainda que a hora de transmissão do programa não era adequada para os agricultores.

Akinola *et al.* (2010) asseguraram que o custo de aquisição de aparelhos de rádio e televisão, o custo de aquisição de meios de comunicação impressos, como jornais, revistas e boletins, e a falta de infra-estruturas, especialmente de eletricidade, o calendário errado dos programas agrícolas e os baixos níveis de literacia entre os agricultores eram factores que militavam contra a eficácia dos canais de comunicação dos meios de comunicação de massas.

Badodiya e Chaudhary (2011) concluíram que a maioria (47,50 por cento) dos inquiridos considerava que a transmissão televisiva agrícola na procura de informações agrícolas era medianamente ineficaz. Verificou-se que a educação, a participação social, a dimensão da propriedade, o rendimento anual, a orientação para o crédito, a situação económica, a capacidade de inovação, a participação na extensão, o comportamento de procura de informação e a atitude em relação à difusão agrícola estavam significativamente relacionados com a eficácia da difusão agrícola. A maioria dos inquiridos (66,66%) referiu que as palavras científicas utilizadas no programa agrícola/falta de linguagem simples utilizada no programa agrícola ocupavam o primeiro lugar entre os outros constrangimentos.

Slathia *et al.* (2011) concluíram que os principais constrangimentos encontrados pelos inquiridos foram a falta de sensibilização para o CCC, a hesitação psicológica inata em fazer uma chamada telefónica para um estranho, as fracas capacidades de comunicação e o problema de fazer com que a pessoa do outro lado compreenda o problema real existente.

Ango *et al.* (2012) revelaram que 38,3 por cento dos agricultores identificaram a eletricidade como o seu maior constrangimento e 30 por cento também indicaram que o tempo era outro problema que afectava os programas de radiodifusão agrícola. Cerca de 38,3 por cento dos participantes enfatizaram o fornecimento frequente e adequado de eletricidade como uma possível solução para o problema que afecta a divulgação de informação, 30 por cento revelaram que o tempo de transmissão de programas agrícolas deve corresponder ao seu tempo conveniente, enquanto 28,39 por cento dos agricultores sugeriram que a política governamental sobre a transmissão de informação deve ser revista em favor dos interesses dos agricultores.

Jhajharia *et al.* (2012) observaram que o constrangimento mais grave percebido pelos agricultores que assistem à televisão agrícola era a não participação dos agricultores na discussão de dificuldades (MS 2,57) e que a disponibilização de tempo insuficiente (MS 1,62) era considerada um constrangimento menos grave na utilização efectiva dos programas de televisão agrícola.

Sharma (2012) mostrou que a maioria (56%) dos inquiridos classificou a utilização regular dos meios de comunicação social na primeira posição, seguida de nunca (40%), às vezes (30%) e ocasionalmente (25%). Relativamente ao objetivo da utilização dos meios de comunicação social, o entretenimento foi classificado em primeiro lugar (89%), seguido do passar o tempo (50%), da procura de novas informações, do entretenimento (26%) e apenas da procura de informações (10%). A maioria dos inquiridos classificou a procura de informações agrícolas como a principal razão para utilizar os meios de comunicação social (53%), seguida da troca de informações (51%), da necessidade (49%) e do aumento dos conhecimentos (38%). A maioria dos inquiridos classificou a indisponibilidade de tempo livre em primeiro lugar no que diz respeito aos constrangimentos na utilização dos meios de comunicação social (98%).

Ajani (2013) mostrou que os factores que se enquadravam nos problemas de capacidade eram o custo do telemóvel/computador/televisão, etc. (0,59), o elevado custo do tempo de antena para telemóveis (0,73) e a incapacidade de pagar uma taxa de serviço pela utilização de eletricidade para computador/televisão/internet (0,62). Os problemas infra-estruturais incluíam a falta de eletricidade para carregar os telefones (0,58) e o não acesso a computador/e-mail/Internet (0,64). As cargas dos problemas logísticos incluíam a falta de conhecimentos sobre a utilização do computador/e-mail/Internet (0,52); a maioria dos inquiridos sugeriu que fosse dada formação adequada sobre a utilização do computador/e-mail/Internet (3,75), o fornecimento regular de eletricidade (3,69) e a redução dos preços dos telemóveis/computadores/televisão (3,59).

Mgbakor *et al.* (2013) mostraram que as visitas dos extensionistas aos agricultores tinham como objetivo ensinar-lhes tecnologias modernas, e que a maioria dos benefícios dos serviços de extensão se devia à utilidade das inovações. Esperam-se mais esforços do agente de extensão para convencer os agricultores não adoptantes a aderir aos seus ensinamentos. Os principais constrangimentos que militam contra a utilização dos meios de comunicação social são o capital inadequado, a língua, a frequência

modulação, falta de energia, horário dos programas, preço da bateria e modo de apresentação.

Ani *et al.* (2015) revelaram que a televisão (90,83 por cento), a rádio (89,17 por cento) e o telemóvel (81 por cento) constituíam os meios de comunicação social mais disponíveis na área de estudo. Também mostrou que a rádio (M = 2,38), a televisão (M = 2,10) e os telemóveis (M = 2,20) eram os meios de comunicação social mais utilizados na área de estudo. Além disso, os meios de comunicação social foram considerados eficazes na reprodução da informação (89%), na sensibilização (85,9%), na formação dos agricultores (79,2%), na divulgação de inovações (79%) e na superação das barreiras linguísticas e de localização (79%). O fornecimento irregular de energia eléctrica (91,67%), as barreiras institucionais (91,50%), a cobertura limitada das necessidades dos agricultores (80,34%) e o crédito inadequado (80,17%) foram os principais constrangimentos à utilização dos meios de comunicação social.

Bala *et al.* (2015) revelaram que os principais constrangimentos à utilização dos meios de comunicação social incluem o horário do programa (33,75 por cento), a natureza da inovação (25 por cento) e a barreira linguística (15 por cento), entre outros. O estudo recomendou que os programas agrícolas fossem transmitidos nas primeiras horas da noite. A extensão deve apresentar inovações simples usando a língua local. Estas medidas facilitariam a adoção efectiva de inovações agrícolas e, subsequentemente, melhorariam o bem-estar económico das mulheres rurais.

Upadhyay *et al.* (2019) realizaram um estudo para conhecer a eficácia do DD Kisan entre os agricultores do distrito de Jabalpur, Madhya Pradesh, com 125 telespectadores do bloco de Panagar. A maioria dos telespectadores tinha conhecimentos (52%) sobre o canal DD Kisan, mas houve uma fraca adoção (50%) das informações fornecidas pelo DD Kisan e vários constrangimentos enfrentados pelos agricultores durante a transmissão do canal.

2.7: Sugestões dos agricultores para ultrapassar os constrangimentos enfrentados na utilização dos diferentes meios de comunicação social

Bellurkar *et al.* (2000) concluíram que 80% dos telespectadores estavam satisfeitos com a transmissão, enquanto 20% sugeriam que não houvesse cintilação, 5,33% sugeriam que a imagem fosse nítida e 3,33% sugeriam que a voz fosse clara.

Naganikar (2005) referiu que as sugestões feitas pelos leitores, como 35,83%, sugeriam a inclusão no diário de imagens e figuras apropriadas para incluir entrevistas de agricultores progressistas (31,66%), mais expressões idiomáticas e frases (22,5%), evitar publicidade desnecessária (16,66%) e inclusão de poemas (13,33%).

Bhosle *et al.* (2008) referiram que a maioria (74,34%) dos inquiridos sugeriu que as palavras científicas e os termos técnicos deveriam ser simplificados para a língua local.

Mahadik *et al.* (2011) concluíram que a maioria dos inquiridos sugeriu a organização de um programa de formação para uma divulgação eficaz dos diferentes aspectos da OMC. Outras sugestões importantes dadas pelos inquiridos foram a utilização da rádio e da televisão para a divulgação de informações (69,33%), a organização de palestras de peritos (69,33%), a organização de debates em grupo (66%), a publicação de artigos populares em jornais e revistas (64,67%) e a organização de comícios (58,67%).

Malagar *et al.* (2011) descobriram que a maioria (62%) dos inquiridos ouvia 'Raitarige Salahegalu'. A maioria (40 por cento) das mulheres rurais sugeriu que se aumentasse a duração dos programas informativos e importantes. Consideraram que a duração atual dos programas era insuficiente e que não era possível fazer uma cobertura alargada dos temas relevantes numa duração curta. As mulheres rurais preferiam também que os programas fossem simples, na língua local, que fornecessem informações atempadas e mais informações sobre actividades geradoras de rendimentos.

Garg *et al.* (2014) referiram que a maioria (66,67%) dos inquiridos sugeriu a utilização da língua local durante a transmissão do programa e que 60% dos inquiridos sugeriram a transmissão de debates em direto com cientistas agrícolas e empresários de sucesso. Mais de metade (57%) dos inquiridos necessitava de informação atempada sobre medidas fitossanitárias e 52,67% dos inquiridos sugeriram o aumento da duração da rede/cobertura do programa, enquanto 50,83% dos inquiridos (44%) sugeriram a redução dos intervalos comerciais entre os programas.

Modelo concetual

Um estudo sistemático deve basear-se essencialmente num modelo teórico sólido. Um investigador desenvolve um modelo para efeitos do seu estudo, porque ajuda a pensar racionalmente sobre o problema de investigação e significa a concetualização dos conceitos utilizados no estudo de investigação. Com base na discussão sobre a revisão precedente de estudos de investigação anteriores, foi desenvolvido um modelo teórico concetual para o presente estudo e o mesmo foi representado na Figura-1.

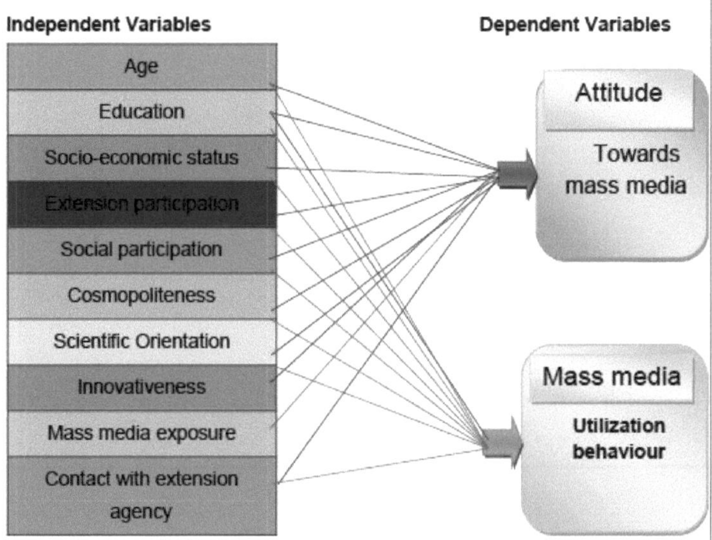

Fig. 2: Modelo concetual do estudo

Capítulo - III

METODOLOGIA DE INVESTIGAÇÃO

Este capítulo trata do método e dos procedimentos concebidos para planear e realizar o estudo de investigação. É composto pelos seguintes subtítulos:

3.1 Local do estudo

3.2 Conceção da investigação

3.3 Método de amostragem

3.4 Medição de variáveis

3.5 Método de recolha de dados

3.6 Análise estatística dos dados

3.7 Hipóteses

3.1. Local do estudo:

O estudo foi efectuado na região agro-climática de Nimar, em Madhya Pradesh. Esta região inclui quatro distritos. Esta região cobre uma área de 11067 KM^2. Nimar é a região sudoeste do estado de Madhya Pradesh, no centro-oeste da Índia. Inclui os distritos de Barwani, Khagone, Khandwa e Bhurhanpur. A região é semi-árida, caracterizada por solos negros médios, precipitação de 300 a 800 mm/ano e temperaturas estivais elevadas de 113 graus Celsius. As principais culturas da região incluem o algodão, o jowar, o milho, o trigo e a malagueta.

3.2. Conceção da investigação:

A conceção da investigação é o aspeto mais importante e crucial da metodologia de investigação. É todo o processo de planeamento e realização da investigação. Para procurar respostas para as questões de investigação, foi utilizado um desenho de investigação descritivo na presente investigação, porque descreve fenómenos com uma interpretação adequada. Indica claramente as características da situação particular do grupo ou dos indivíduos. Neste modelo, as variáveis devem ser conhecidas.

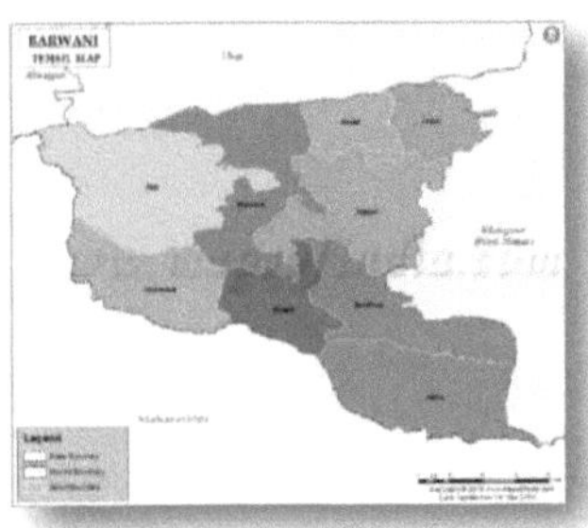

Fig. 2: Local do estudo

3.3. Método de amostragem:

Para a seleção da amostra, foi seguido o método de amostragem em várias fases, nomeadamente, seleção dos distritos, seleção dos blocos, seleção das aldeias e seleção dos inquiridos.

Seleção dos distritos

A região agro-climática de Nimar é constituída por quatro distritos: Barwani, Khagone, Khandwa e Bhurhanpur. Dos quatro distritos, dois (Barwani e Khargone) foram seleccionados aleatoriamente através de um método de amostragem aleatória simples.

Seleção de blocos

O distrito de Barwani tem sete blocos: Barwani, Thikri, Pansemal, Newali, Rajpur, Pati e Sendhwa e o distrito de Khargone tem nove blocos: Barwah, Maheshwar, Kasrawad, Segaon, Bhikangaon, Khargone, Gogaon, Bhagvanpura e Jhirnaiya.

Dos dois distritos seleccionados, foram seleccionados três blocos de cada distrito, perfazendo um total de 6 blocos (Barwani, Pati, Sendhwa e Khargone, Segaon,

Jhirnaiya), utilizando um método de amostragem aleatório simples.

Seleção das aldeias

Dos seis blocos seleccionados, foram seleccionadas 12 aldeias (duas aldeias de cada bloco) utilizando métodos de amostragem aleatória simples.

Seleção dos inquiridos

O número de inquiridos de cada aldeia foi selecionado e um total de 240 inquiridos (20 inquiridos de cada aldeia) foi selecionado aleatoriamente para efeitos de estudo.

3.4. Medição de variáveis:

As diferentes variáveis dependentes e independentes utilizadas no estudo são apresentadas de seguida.

Variáveis	Medição
Variáveis independentes	
I. Variáveis pessoais	
Idade	Idade cronológica
Educação	Ferramenta desenvolvida por Venkataramaih B.S. e Sethurao M.K. (1983)
Estatuto socioeconómico	Ferramenta desenvolvida por Venkataramaih B.S. e Sethurao M.K. (1983)
Participação na extensão	Escala desenvolvida por Siddharaimaiah e Jalihal (1983)
II. Variáveis sócio-psicológicas	
Participação social	Horário à medida
Cosmopolitismo	Escala desenvolvida por Nandapurkar (1982)
Orientação científica	Escala desenvolvida por Supe e Singh (1969)
Inovação	Escala modificada de Moulik T.K. e Rao C.S.S. (1965)
III. Variáveis de comunicação	
Exposição nos meios de comunicação social	Horário à medida
Contacto com a agência de extensão	Horário à medida
Variáveis dependentes	
Atitude em relação aos meios de comunicação social	Escala modificada desenvolvida por Jhajharia A. K. (2012)
Comportamento de utilização dos meios de comunicação social	O índice personalizado foi desenvolvido com base em parâmetros seleccionados de audição, visualização, leitura, perceção de utilidade e comportamento de feedback dos agricultores

A) Medição de variáveis independentes

A.1.1. Idade

Refere-se à idade real dos inquiridos em anos completos, ou seja, à idade cronológica do inquirido. A idade real foi registada tal como foi comunicada pelos inquiridos no momento da entrevista. Os dados obtidos foram agrupados em três grupos etários e atribuídas pontuações como se segue.

Categoria	Gama de pontuações
Jovens (até 31 anos)	1
Médio (32 a 50 anos)	2
Idoso (mais de 50 anos)	3

A.1.2. Educação

Refere-se à capacidade de ler e escrever e ao número de cursos de educação formal frequentados pelos inquiridos, variando entre a ausência de escolaridade e o ensino superior. Foi medido seguindo o padrão de pontuação de Venkataramaih B.S. e Sethurao M.K. (1983) mencionado na sua escala de estatuto socioeconómico (Anexo) e a pontuação foi feita em conformidade.

Categoria	Gama de pontuações
Sem escolaridade (analfabeto)	0
Literacia funcional	1
Escola primária	2
Ensino médio	3
Ensino secundário	4
Faculdade	5

A.1.3. Estatuto socioeconómico

Refere-se à posição dos inquiridos na sociedade, determinada por diversas variáveis sociais e económicas, nomeadamente a ocupação, a propriedade fundiária, a casta, a educação, a participação sociopolítica, as posses, a casa e as posses do inquirido. Foi medido utilizando a escala do estatuto socioeconómico desenvolvida por Venkataramaih B.S. e Sethurao M.K. (1983), tal como consta do Anexo. A escala atribui uma pontuação a cada variável individual, ou seja, de 0 a 5 (ocupação, propriedade fundiária, educação, participação sociopolítica e posses) e de 1 a 5 (casta, casa e agregado familiar), como se indica a seguir

Categoria	Pontuações
Ocupação	
Sem ocupação	0
Não qualificado	1
Semiqualificado	2
Qualificado	3
Agricultura/empresas	4
Profissional	5
Propriedade fundiária	
Sem-terra (sem terra)	0
Marginal (0,1 a 1 hectare)	1
Pequena (1,1 a 2 hectares)	2
Semi-médio (2,1 a 4 hectares)	3
Médio (4,1 a 10 hectares)	4
Grandes (mais de 10 hectares)	5
Casta	

Horário	1
Mais atrasados	2
Para trás	3
Avançar	4
Dominante	5
Educação	
Sem escolaridade (analfabeto)	0
Literacia funcional	1
Escola primária	2
Ensino médio	3
Ensino secundário	4
Faculdade	5
Participação sócio-política	
Sem qualquer posição oficial em organizações sócio-políticas	0
Cargo de funcionário numa ou mais organizações	1
Posição dos funcionários no comité social e político	2
Contribuição financeira ou angariação de fundos para a ação comum	3
Titular de cargo ativo	4
Participação em actividades comunitárias	5
Posses	
Nenhum	0
Um animal de criação (boi, búfalo, vaca)/ Bicicleta/ Mobiliário	1
Dois animais de quinta/ carro de bois/ rádio	2
Três a quatro animais de criação/ implementos agrícolas melhorados/ jornal/ eletricidade	3
Cinco a dez animais de criação/ planta de gobargas/ bomba sot/ móvel	4
Mais de dez animais de criação/ trator/ automóvel	5
Casa	
Galpão de palha	1
Paredes de barro e colmo	2
Parede de tijolo e ladrilhos	3
Casa de betão	4
Betão e dois andares	5
Agregado familiar	
Pequena (1 a 3 membros)	1
Médio (4 a 6 membros)	2
Grande (7 a 9 membros)	3
Muito grande (mais de 9 membros)	4
Características especiais	5

Assim, a gama total de pontuações que um inquirido pode obter situa-se entre 3 e 40. Com base nas pontuações, os inquiridos podem ser classificados em cinco categorias de nível socioeconómico, como indicado abaixo.

Categoria do SES	Gama de pontuações

NSE inferior	3-11 Pontuação
Nível de vida médio-baixo	12-18 Pontuação
Médio SES	19-25 Pontuação
Nível médio superior	26-32 Pontuação
Nível Superior	33-40 Pontuação

A.1.4. Participação na extensão

A participação na extensão refere-se à participação dos agricultores em várias actividades de extensão empreendidas pelo departamento de extensão. Neste estudo, a escala desenvolvida por Siddarmaiah e Jalihal (1983) foi usada para medir a participação dos agricultores na extensão. Assim, para o presente estudo, a participação na extensão foi operacionalizada como o grau em que um indivíduo participa em vários contactos não formais e métodos de contacto em massa, com vista a obter informações/conhecimentos e competências relacionados com a agricultura. A escala utilizada continha oito itens, conforme indicado no Apêndice. A intensidade da participação na extensão foi medida numa escala contínua de três pontos como sempre, às vezes e nunca, atribuindo pontuações apropriadas. Perguntou-se aos inquiridos em quais das diferentes actividades de extensão participaram durante o último ano. A pontuação total da participação na extensão de cada um dos inquiridos foi calculada através da soma do valor da escala dos itens (actividades de extensão) em que os inquiridos participaram.

Por fim, os inquiridos foram classificados em **três categorias**, utilizando um método arbitrário de classificação: participação na extensão baixa (8 a 13 pontos), média (14 a 19 pontos) e alta (20 a 24 pontos). A pontuação máxima foi de 24 e a mínima de 8.

Categoria	Gama de pontuações
Baixa	8-13 Pontuação
Médio	14-19 Pontuação
Elevado	20-24 Pontuação

A.1.5. Participação social

Refere-se ao grau de envolvimento e à frequência da participação de um indivíduo em diferentes actividades realizadas por organizações sociais. A intensidade da participação social foi medida numa escala contínua de três pontos: sempre, às vezes e nunca, atribuindo pontuações adequadas, como indicado no Anexo. Por fim, os inquiridos foram classificados em **três categorias**, utilizando um método de classificação arbitrário: participação social baixa (pontuação de 7 a 12), média (pontuação de 13 a 16) e alta (pontuação de 17 a 21). A pontuação máxima foi de 21 e a mínima de 7.

Categoria	Gama de pontuações
Baixa	Pontuação 7-12
Médio	13-16 Pontuação
Elevado	17-21 Pontuação

A.1.6. Cosmopolitismo

Define-se como o grau em que um indivíduo visita ou se orienta fora do sistema social. Neste estudo, o cosmopolitismo foi medido com a ajuda da escala desenvolvida por Nandapurkar (1982). Foi calculada a pontuação acumulada de todas as dimensões relativamente à cosmopolitismo.

Categoria	Gama de pontuações
Ao nível da aldeia	0
Nível de bloco	1
A nível distrital	2
A nível estatal	3

A.1.7. Orientação científica

É definida operacionalmente como o grau em que um inquirido está orientado para utilizar o método científico nas actividades agrícolas e afins para obter um rendimento mais elevado. A escala de orientação científica desenvolvida por Supe e Singh (1969) foi utilizada para medir esta dimensão (Anexo). A escala consistia num total de seis afirmações, das quais quatro, ou seja, as afirmações n.º 1st, 3rd, 4th e 6th, eram positivas e duas, ou seja, as afirmações n.º 2nd e 5th, eram negativas. As respostas foram registadas numa escala contínua de cinco pontos, a saber, concordo totalmente, concordo, indeciso, discordo e discordo totalmente, tendo sido atribuídas pontuações de 5, 4, 3, 2 e 1, respetivamente, no caso das afirmações positivas. A ordem de pontuação foi invertida no caso de afirmações negativas. As pontuações totais indicavam o grau de orientação científica de um indivíduo.

Declaração	Resposta à classificação				
	Concordo plenamente	De acordo	Indecisos	Não concordo	Discordo totalmente
Positivo	5	4	3	2	1
Negativo	1	2	3	4	5

Os inquiridos foram classificados em três categorias, utilizando o método arbitrário de classificação: orientação científica baixa (pontuação de 6 a 14), média (pontuação de 15 a 22) e alta (pontuação de 23 a 30). A pontuação máxima foi de 30 e a mínima de 6.

Categoria	Gama de pontuações
Baixa	6-14 Pontuação
Médio	15-22 Pontuação
Elevado	23-30 Pontuação

A.1.8. Inovação

A propensão para a inovação refere-se ao grau de consciência mental para percecionar a tecnologia recomendada. Os agricultores que se apercebem imediatamente de qualquer inovação são considerados mais inovadores e os que se apercebem após algum tempo são vistos como menos inovadores. Em suma, a propensão para a inovação dos agricultores que estão sempre à procura de inovações relacionadas com as tecnologias agrícolas para as aplicar no seu campo é considerada elevada. Por outro lado, a propensão à inovação é considerada baixa no caso dos agricultores que não se interessam muito pelas inovações agrícolas. Uma escala desenvolvida por Moulik T.K. e Rao C.S.S. (1965) foi usada com algumas modificações para medir a propensão à inovação (Apêndice). A escala consistia em sete afirmações, das quais quatro, ou seja, as afirmações n.º 1st, 2nd, 3rd e 5th eram positivas, enquanto três, ou seja, as afirmações n.º 4th, 6th e 7th eram negativas. As respostas foram registadas numa escala contínua de três pontos, a saber, concordo totalmente, concordo e discordo, tendo sido atribuídas pontuações de 3, 2 e 1, respetivamente, no caso das afirmações positivas. A ordem de pontuação foi invertida no caso de afirmações negativas. Por fim, os inquiridos foram classificados em **três categorias**, utilizando um método de classificação arbitrário, a saber, inovatividade baixa (pontuação de 7 a 12), média (pontuação de 13 a 16) e alta (pontuação de 17 a 21). A pontuação máxima foi de 21 e a mínima de 7.

Categoria	Gama de pontuações
Baixa	Pontuação 7-12
Médio	13-16 Pontuação
Elevado	17-21 Pontuação

A.1.9. Exposição nos meios de comunicação social

O padrão de acessibilidade dos meios de comunicação social refere-se à extensão dos meios de comunicação social ao inquirido, em locais próprios ou próximos. Os meios de comunicação modernos incluem o telemóvel, o telefone, o fax, o computador e o computador portátil com ou sem acesso à Internet, etc. A pontuação foi atribuída à medida em que um indivíduo utilizou a facilidade de uma determinada fonte de comunicação social para obter informações agrícolas numa escala contínua de três pontos: sempre, às vezes e nunca (apêndice).

Com base na pontuação da acessibilidade e utilização dos meios de comunicação social, os inquiridos foram classificados em **três categorias**, utilizando um método arbitrário de classificação: exposição baixa (pontuação de 6 a 10), média (pontuação de 11 a 14) e alta (pontuação de 15 a 18) aos meios de comunicação social. A pontuação máxima foi de 18 e a mínima de 6.

Categoria	Gama de pontuações
Baixa	Pontuação 6-10
Médio	11-14 Pontuação
Elevado	15-18 Pontuação

A.1.10. Contacto com a agência de extensão

Foi operacionalizado como a frequência dos contactos dos inquiridos com funcionários/agências de extensão governamentais/não governamentais/privadas para obter informação agrícola e ajuda relacionada. Pediu-se aos inquiridos que dessem respostas em três pontos contínuos como sempre, às vezes e nunca com a pontuação apropriada (Apêndice).

Finalmente, os inquiridos foram classificados em **três categorias**, usando o método arbitrário de classificação: baixo (5 a 8 pontos), médio (9 a 12 pontos) e alto (13 a 15 pontos) contacto com a agência de extensão. A pontuação máxima foi de 15 e a mínima de 5.

Categoria	Gama de pontuações
Baixa	5-8 Pontuação
Médio	Pontuação 9-12
Elevado	13-15 Pontuação

B) Medição de variáveis dependentes
1. Atitude em relação aos meios de comunicação social

Foi utilizada uma escala desenvolvida por Jhajharia A. K. (2012), com algumas modificações, para medir a atitude dos agricultores em relação a diferentes tipos de meios de comunicação social. Para medir a atitude dos agricultores em relação à rádio, à televisão e aos jornais, foram considerados dois tipos de afirmações de atitude, ou seja, afirmações positivas e negativas, e as respostas foram registadas numa escala contínua de cinco pontos, a saber, concordo totalmente, concordo, indeciso, discordo e discordo totalmente, tendo sido atribuídas pontuações de 5, 4, 3, 2 e 1, respetivamente, no caso das afirmações positivas. A ordem de pontuação foi invertida no caso de afirmações negativas. O procedimento de pontuação e o calendário são apresentados em anexo.

Declaração	Resposta à classificação				
	Concordo plenamente	De acordo	Indecisos	Não concordo	Discordo totalmente
Positivo	5	4	3	2	1
Negativo	1	2	3	4	5

A pontuação total da atitude de cada agricultor foi obtida através da soma das respostas a cada item da escala de atitudes. As respostas foram recolhidas numa escala contínua de cinco pontos. Foram obtidas pontuações por afirmação e cumulativas para determinar a atitude em relação aos meios de comunicação social. A escala consistia em dez afirmações para aceder às atitudes em relação à rádio, das quais seis, ou seja, a afirmação n.º 2nd, 3rd, 7th, 8th, 9th e 10th eram positivas, enquanto quatro, ou seja, a afirmação n.º 1st, 4th, 5th e 6th eram negativas. A escala consistia em dezoito afirmações para avaliar as atitudes em relação à televisão, das quais doze, ou seja, as afirmações n.º 1, 2, 3, 4, 5, 7, 9, 12, 13, 15, 17 e 18th eram positivas, enquanto seis, ou seja, as afirmações n.º 6th, 8th, 10th, 11th, 14th e 16th eram negativas. A escala consistia em doze afirmações para aceder às atitudes em relação aos jornais, das quais três, ou seja, as afirmações n.º 2nd, 5th e 10th eram positivas, enquanto nove, ou seja, as afirmações n.º 1st 3rd 4th 6th 7th 8th 9th e foram positivas. , ,,,,,,
11th e 12th foram negativos.

Para determinar a atitude em relação aos meios de comunicação social, incluindo a rádio, a televisão, os jornais e, de um modo geral, a perceção dos agricultores, os inquiridos foram classificados em atitudes fortemente desfavoráveis, desfavoráveis, neutras, favoráveis e fortemente favoráveis, tendo-lhes sido atribuídas pontuações de 1, 2, 3, 4 e 5, respetivamente, para estabelecer uma relação com as variáveis independentes.

Por fim, os inquiridos foram classificados em cinco **categorias**, utilizando o método arbitrário de classificação, a saber: atitude global fortemente desfavorável (40 a 72 pontos), desfavorável (73 a 104 pontos), neutra (105 a 136 pontos), favorável (137 a 168 pontos) e fortemente favorável (169 a 200 pontos) em relação aos meios de comunicação social. A pontuação máxima era de 200 e a mínima de 40.

Categoria	Gama de pontuações

Fortemente desfavorável	40-72 Pontuação
Desfavorável	73-104 Pontuação
Neutro	105-136 Pontuação
Favorável	137-168 Pontuação
Fortemente favorável	169-200 Pontuação

2. Comportamento de utilização dos meios de comunicação social

O comportamento de utilização dos meios de comunicação social refere-se ao processo de perceção da utilidade de objectos, acontecimentos e informações externas utilizando os sentidos. No presente estudo, foram avaliadas as respostas dos agricultores a vários parâmetros relacionados com a tecnologia agrícola, a eficácia da comunicação e o desenvolvimento social através do comportamento de utilização dos meios de comunicação social. Foi desenvolvido um conjunto de parâmetros/aspectos com a ajuda de cientistas que trabalham a vários níveis e de peritos em meios de comunicação social para quantificar o comportamento de utilização dos agricultores relativamente às mensagens transmitidas através dos seus meios de comunicação social. Foi pedido aos inquiridos que dessem respostas em três pontos contínuos: sempre, às vezes e nunca, com a pontuação adequada (Anexo).

O comportamento de audição/visualização/leitura foi avaliado em diferentes tipos de parâmetros/aspectos, como Disponibilidade dos meios de comunicação social, Motivação para comprar, Objetivo da compra, Com quem acompanhar as pessoas, Horário, Duração do programa, Método de retenção de conteúdos e Discussão sobre os conteúdos pelos agricultores. O comportamento de perceção de utilidade foi avaliado em diferentes tipos de aspectos, como Compreensibilidade, Fiabilidade, Clareza, Simplicidade, Oportunidade, Viabilidade, Assunto abordado, Inovação, Inspiração e Ilustração, pelos agricultores.

O comportamento de feedback foi avaliado com base em diferentes tipos de parâmetros/aspectos, tais como "Sugestões para melhorar o programa de rádio/televisão agrícola", "Comunicar aos médicos veterinários os problemas discutidos em matéria de agricultura e pecuária", "Obter informações adicionais de cientistas/KVK/Departamento de Agricultura", "Ficar satisfeito com as informações adicionais" e "Escrever à AIR/DDK M.P. para obter novamente informações adicionais sobre o tema transmitido/transmitido". Comportamento dos jornais dos meios de comunicação social em termos de feedback, de acordo com a perceção dos agricultores: "Sugestões para melhorar as notícias/os artigos", "Recebi informação adicional e estou satisfeito", "Recebi informação adicional sobre criação de animais dos médicos veterinários", "Recebi informação adicional sobre temas já discutidos em artigos sobre agricultura e notícias do KVK/Departamento de Agricultura" e "Escrevi ao editor dos jornais para obter novamente informação adicional sobre o tema impresso".

Para determinar o comportamento de audição/visualização/leitura, perceção de utilidade, feedback e utilização dos meios de comunicação social, tal como é percebido pelos agricultores, estes foram classificados em baixo, médio e alto, tendo-lhes sido atribuídas pontuações de 1, 2 e 3, respetivamente, para estabelecer uma relação com as variáveis independentes.

Finalmente, os inquiridos foram classificados em **três categorias,** utilizando o método arbitrário de classificação: comportamento de utilização dos meios de comunicação social baixo (pontuação de 165 a 275), médio (pontuação de 276 a 385) e alto (pontuação de 386 a 495). A pontuação máxima foi de 495 e a mínima de 165.

Categoria	Gama de pontuações
Baixa	Pontuação 165-275
Médio	276-385 Pontuação
Elevado	386-495 Pontuação

3.5. Método de recolha de dados:

Os dados foram recolhidos pessoalmente pelo investigador através de um programa de entrevistas bem estruturado e pré-testado, através do método de inquérito. O investigador abordou pessoalmente os inquiridos e explicou-lhes o objetivo do estudo. Depois de estabelecer uma relação com eles, os inquiridos foram entrevistados e as suas respostas foram registadas no programa de entrevistas. Os dados secundários necessários foram também obtidos junto do pessoal de extensão do Departamento de Agricultura do Estado, do pessoal do KVK e do Desenvolvimento Agrícola, do Tehsil Office, do Zila Panchayat, do Block Development Office e de outros relatórios e publicações.

3.6. Análise estatística:

Os dados recolhidos foram classificados e tabulados. Foram aplicados métodos estatísticos adequados para analisar os dados, consoante a natureza dos mesmos. As variáveis independentes, bem como as variáveis dependentes, foram classificadas como baixas, médias e altas ou os termos aplicáveis até à data com base na pontuação obtida. Tendo em conta os objectivos do estudo e para chegar a uma conclusão lógica, foram utilizados testes estatísticos adequados, ou seja, frequência, percentagem, média, desvio padrão, valor crítico do rácio (teste "t") e o coeficiente de correlação para analisar e interpretar os dados.

3.6.1. Percentagem

O termo "percentagem" significa uma fração cuja denominação é 100 e a enumeração da fração é designada por percentagem. Para calcular a percentagem, a frequência foi multiplicada por 100 e dividida pelo total de inquiridos.

$$P = \frac{X}{N} \times 100$$

Onde,

    P=Percentagem

    X=Frequência   dos inquiridos

    N=Número total   de inquiridos

3.6.2. Média

A média foi obtida dividindo a soma das pontuações pelo número total de inquiridos, de acordo com a seguinte fórmula

$$\bar{X} = \frac{\sum_{i=1}^{n} x_i}{n} \, [i = 1,2,3,4 \dots n]$$

Onde,

    $\bar{X}$ = Média

$\sum x_i =$ Soma das pontuações

n = Número total de itens envolvidos

3.6.3. Desvio padrão

O desvio padrão é a raiz quadrada da média aritmética do desvio quadrático de vários valores em relação à sua média aritmética.

$$SD = \sqrt{\frac{1}{n}\left[\sum x^2 - \frac{(\sum x)^2}{n}\right]}$$

3.6.4. Coeficiente de correlação de Karl Pearson (r)

O coeficiente de correlação é uma medida da força e da direção da relação linear entre duas variáveis que é definida como a covariância da amostra das variáveis dividida pelo produto dos seus desvios padrão da amostra. Os valores do coeficiente de correlação variam de -1,00 a +1,00.

$$r = \frac{n\sum xy - (\sum x)(\sum y)}{\sqrt{[n\sum x^2 - (\sum x)2][ny^2 - (\sum y)2]}}$$

Onde,

n = número de pares de pontuações

$\sum xy =$ soma do produto das classificações emparelhadas

$\sum x =$ soma das pontuações x

$\sum y =$ soma das pontuações y

$\sum x^2 =$ soma das pontuações x ao quadrado

$\sum y^2 =$ soma dos resultados y ao quadrado

3.6.5. Para a análise estatística, foi utilizado o teste t para testar a significância

Teste t para o coeficiente de correlação (r)

$$t = \frac{r\sqrt{n-2}}{\sqrt{1-r^2}}$$

Onde,

    r=Coeficiente de correlação

    n=Número de inquiridos

3.7. Hipóteses:

Com base nos objectivos e nas variáveis incorporadas no estudo, foram formuladas as seguintes hipóteses nulas para o estudo.

Ho1. Não existe associação entre a idade dos inquiridos e a sua atitude em relação aos meios de comunicação social e o seu comportamento de utilização dos mesmos.

Ho2. Não existe qualquer associação entre as habilitações literárias dos inquiridos e a sua atitude em relação aos meios de comunicação social e ao comportamento de utilização dos mesmos.

Ho3. Não existe associação entre o estatuto socioeconómico dos inquiridos e a sua atitude em relação aos meios de comunicação social e o seu comportamento de utilização dos mesmos.

Ho4. **Não existe associação entre a participação dos inquiridos na extensão e a sua** atitude em relação aos meios de comunicação social e ao comportamento de utilização dos meios de comunicação social.

Ho5. **Não existe associação entre a participação social dos inquiridos e a sua atitude** em relação aos meios de comunicação social e ao comportamento de utilização dos mesmos.

Ho6. **Não há associação entre o cosmopolitismo dos inquiridos e a sua atitude em** relação aos meios de comunicação social e o seu comportamento de utilização dos meios de comunicação social.

Ho7. **Não existe associação entre a orientação científica dos inquiridos e a sua atitude** em relação aos meios de comunicação social e ao comportamento de utilização dos meios de comunicação social.

Ho8. **Não existe associação entre a capacidade de inovação dos inquiridos e a sua** atitude em relação aos meios de comunicação social e ao comportamento de utilização dos meios de comunicação social.

Ho9. **Não existe associação entre a exposição dos inquiridos aos meios de** comunicação social e a sua atitude em relação aos meios de comunicação social e ao comportamento de utilização dos mesmos.

Ho10. **Não há associação entre o contacto dos inquiridos com a agência de extensão** e a sua atitude em relação aos meios de comunicação social e ao comportamento de utilização dos meios de comunicação social.

Capítulo - IV

RESULTADOS

Este capítulo trata da investigação e da análise dos dados. Os dados foram recolhidos de uma amostra de 240 inquiridos através de um plano de entrevistas bem estruturado. Os dados foram processados e analisados de acordo com os objectivos do estudo.

4.1 Características pessoais, sócio-psicológicas e de comunicação dos agricultores

4.2 Medição da atitude dos agricultores em relação a diferentes tipos de meios de comunicação social

4.3 Padrão de utilização de diferentes tipos de meios de comunicação social entre os agricultores

4.4 Preferências dos agricultores em relação aos meios de comunicação social

4.5 Relação entre as características pessoais, sócio-psicológicas e de comunicação dos agricultores e a sua atitude em relação aos meios de comunicação social e ao comportamento de utilização dos mesmos

4.6 Constrangimentos sentidos pelos agricultores na utilização dos diferentes meios de comunicação social

4.7 Sugestões dos agricultores para ultrapassar os constrangimentos enfrentados na utilização dos diferentes meios de comunicação social

4.8 Características pessoais, sócio-psicológicas e de comunicação dos agricultores

O estudo das características pessoais, sócio-psicológicas e de comunicação dos agricultores foi feito com referência à idade, educação, estatuto sócio-económico, participação na extensão, participação social, cosmopolitismo, orientação científica, capacidade de inovação, exposição aos meios de comunicação social e contactos com a agência de extensão.

4.1.1 Características pessoais dos agricultores:

Os dados compilados no Quadro 4.1 mostram as características dos agricultores em relação à idade, educação, estatuto socioeconómico e participação na extensão.

4.1.1.1 Idade:

A informação relativa à idade dos inquiridos foi resumida no Quadro 4.1, que revela que mais de metade dos agricultores (51,25%) pertencia ao grupo de meia-idade, seguido de 30,42% que pertenciam ao grupo de idade avançada e apenas 18,33% que pertenciam ao grupo de idade jovem.

Tabela: 4.1: Distribuição dos inquiridos de acordo com as suas características pessoais

características   (n=240)

Categoria	f	%
Idade		
Jovens (até 31 anos)	44	18.33
Médio (32 a 50 anos)	123	51.25
Velho (mais de 50 anos)	73	30.42
Educação		

	17	07.08
Sem escolaridade (analfabeto)	17	07.08
Literacia funcional	39	16.26
Escola primária	37	15.42
Ensino médio	46	19.16
Escola secundária	54	22.50
Faculdade	47	19.58
Estatuto socioeconómico		
Nível socioeconómico mais baixo (pontuação 3-11)	32	13.34
Nível de vida médio-baixo (12-18 pontos)	39	16.25
NSE médio (19-25 pontos)	80	33.33
Nível de vida médio-alto (26-32 pontos)	58	24.16
Nível superior (33-40 pontos)	31	12.92
Participação na extensão		
Baixo (Pontuação 8-13)	39	16.25
Médio (pontuação 14-19)	129	53.75
Elevado (Pontuação 20-24)	72	30.00

n= Número total de inquiridos, f= frequência, %= percentagem

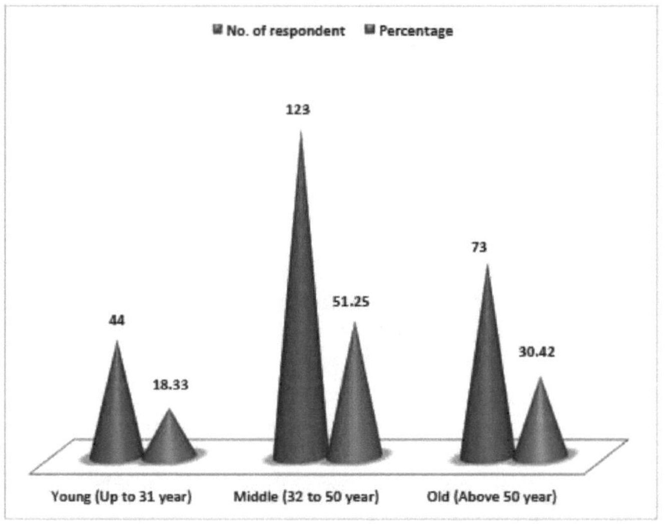

Fig. 3: Distribuição dos inquiridos de acordo com a sua idade

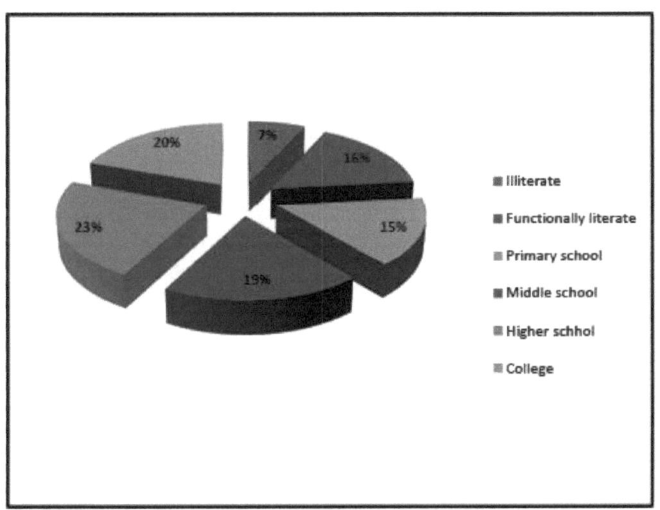

Fig. 4: Distribuição dos inquiridos de acordo com as suas habilitações literárias

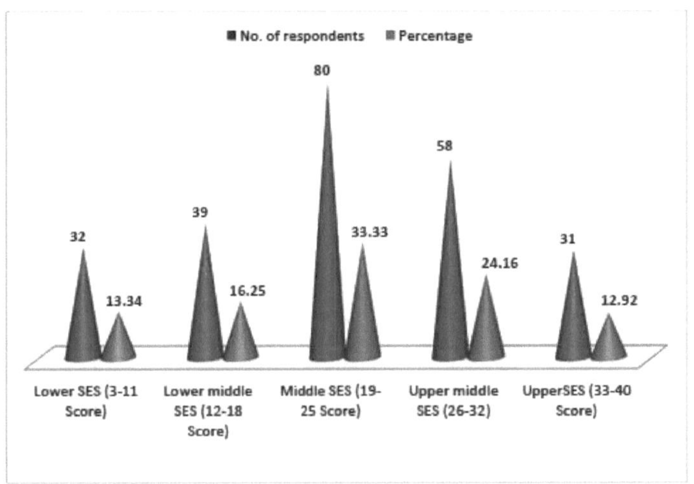

Fig. 5: Distribuição dos inquiridos de acordo com o seu estatuto socioeconómico

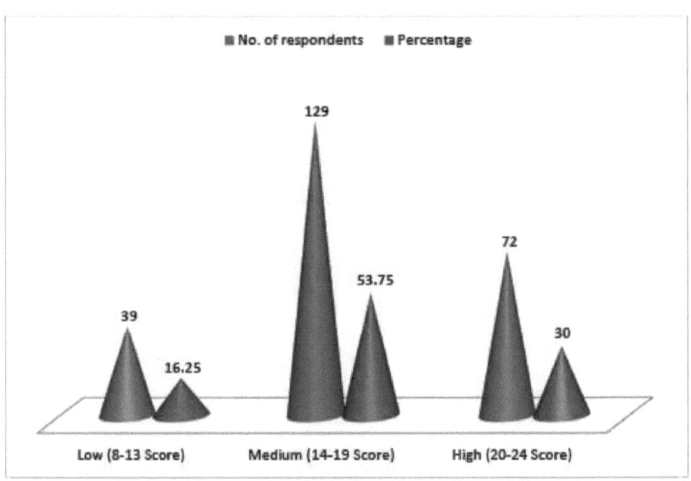

Fig. 6: Distribuição dos inquiridos de acordo com a sua participação na extensão

4.1.1.2 Educação:

A informação relativa à educação dos inquiridos foi resumida no Quadro 4.1, que indica que o máximo (22,50%) dos agricultores tinha formação até ao ensino secundário. Por outro lado, 19,58% tinham formação universitária, 19,16% tinham formação de nível médio, 16,26% tinham literacia funcional, 15,42% tinham formação de nível primário e apenas 7,08% eram analfabetos.

4.1.1.3 Estatuto socioeconómico:

Os dados apresentados no Quadro 4.1 mostram que o máximo (33,33%) dos agricultores se encontrava numa situação socioeconómica média. Por outro lado, 24,16% dos agricultores tinham um estatuto socioeconómico médio superior, 16,25% tinham um estatuto socioeconómico médio inferior, 13,34% tinham um estatuto socioeconómico inferior e 12,92% tinham um estatuto socioeconómico superior.

4.1.1.4 Participação na extensão:

Os dados apresentados no Quadro 4.1 indicam que a maioria (53,75 por cento) dos agricultores estava sob média participação na extensão. Enquanto que 30 por cento estavam em alta e 16,25 por cento estavam em baixa participação na extensão.

4.1.2 Características sócio-psicológicas dos agricultores:

O estudo das características sócio-psicológicas dos agricultores foi efectuado com referência à participação social, cosmopolitismo, orientação científica e capacidade de inovação, cujos dados são apresentados no Quadro 4.2.

4.1.2.1 Participação social:

Os dados apresentados no Quadro 4.2 indicam que o máximo (48,75%) dos agricultores tinha um nível médio de participação social. Enquanto que 30 por cento tinham um nível elevado e 21,25 por cento tinham um nível baixo de participação social.

4.1.2.2 Cosmopolitismo:

Os dados apresentados no Quadro 4.2 revelam que o máximo (42,08%) dos agricultores se encontrava ao nível do bloco de cosmopolitismo. Por outro lado, 23,76% estavam a nível distrital, 19,16% a nível de aldeia e 15% a nível estatal de cosmopolitismo.

4.1.2.3 Orientação científica:

Os dados apresentados no Quadro 4.2 revelaram que o máximo (48,34%) dos agricultores tinha uma orientação científica média. Por outro lado, 29,16% tinham uma orientação científica elevada e 22,50% uma orientação científica baixa.

4.1.2.4 Inovação:

Os dados apresentados no Quadro 4.2 indicam que mais de metade dos agricultores (50,42%) demonstraram um nível médio de capacidade de inovação. Enquanto que 27,92% deles indicam um nível elevado e 21,66% um nível baixo de capacidade de inovação.

Quadro 4.2: Distribuição dos inquiridos de acordo com a sua situação socioeconómica.

características psicológicas   (n=240)

Categoria	f	%
Participação social		
Baixo (Pontuação 7-12)	51	21.25
Médio (13-16 pontos)	117	48.75
Elevado (pontuação 17-21)	72	30.00
Cosmopolitismo		
Ao nível da aldeia	46	19.16
Nível de bloco	101	42.08
A nível distrital	57	23.76
A nível estatal	36	15.00
Orientação científica		
Baixo (Pontuação 6-14)	54	22.50
Médio (15-22 pontos)	116	48.34
Elevado (23-30 pontos)	70	29.16
Inovação		
Baixo (Pontuação 7-12)	52	21.66
Médio (13-16 pontos)	121	50.42
Elevado (pontuação 17-21)	67	27.92

n= Número total de inquiridos, f= frequência, %= percentagem

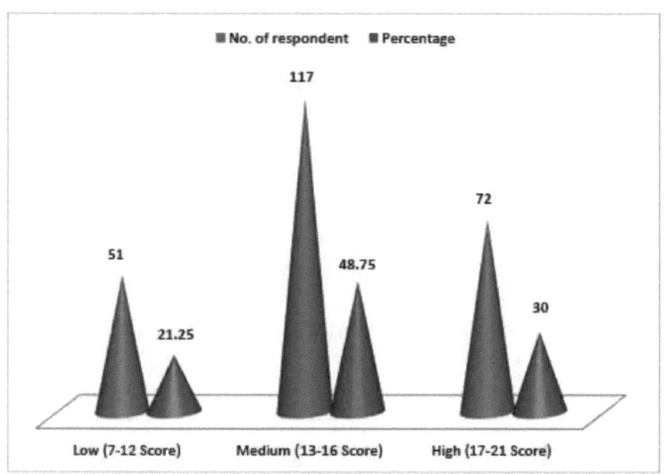

Fig. 7: Distribuição dos inquiridos de acordo com a sua participação social

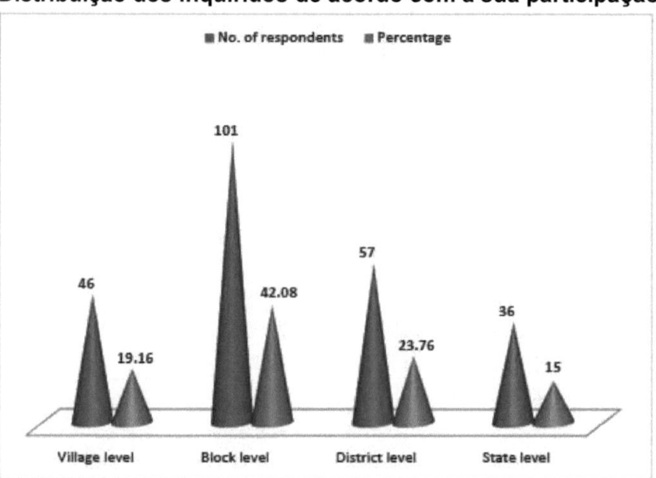

Fig. 8: Distribuição dos inquiridos segundo o seu cosmopolitismo

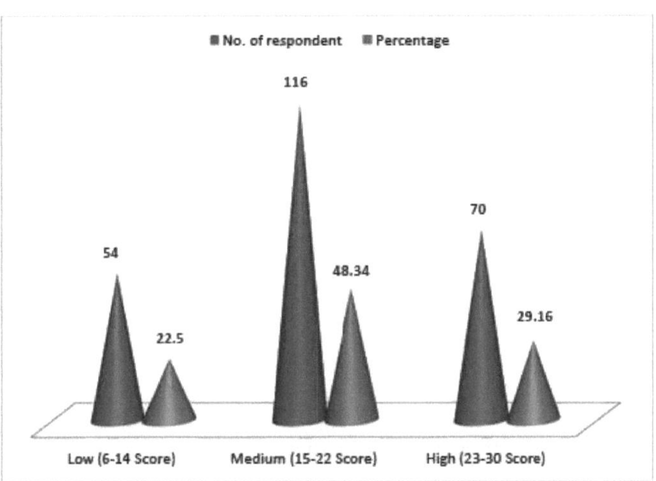

Fig. 9: Distribuição dos inquiridos segundo a sua orientação científica

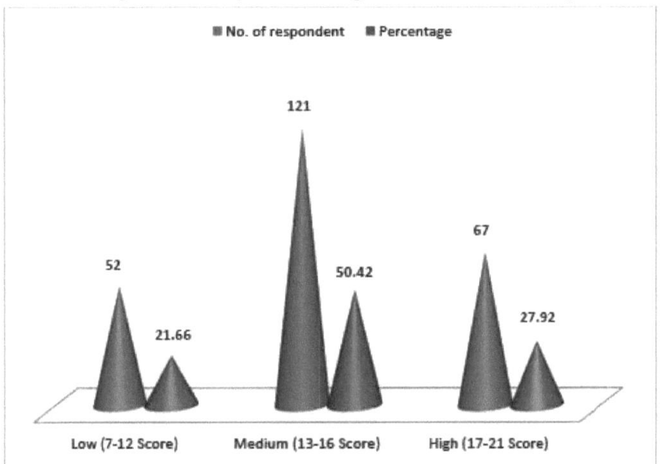

Fig. 10: Distribuição dos inquiridos de acordo com a sua capacidade de inovação

.1.3 Características de comunicação dos agricultores:

Foram estudadas algumas características de comunicação dos agricultores, incluindo a exposição aos meios de comunicação social e o contacto com a agência de extensão, e os resultados são apresentados nos Quadros 4.3.1, 4.3.2, 4.4.1 e 4.4.2.

4.1.3.1 Exposição aos meios de comunicação social:

No que diz respeito à exposição dos inquiridos aos meios de comunicação social, existe uma clara tendência para a utilização regular do telemóvel, seguida da televisão e dos jornais (ver Quadro 4.3.1).

Tabela 4.3.1: Distribuição dos inquiridos de acordo com a sua frequência de exposição a vários meios de comunicação social   (n=240)

Exposição aos meios de comunicação social	Sempre		Por vezes		Nunca	
	f	%	f	%	f	%
Rádio	28	11.67	142	59.17	70	29.16
Televisão	82	44.17	99	41.25	59	14.58
Jornais/revistas	79	32.92	125	52.08	36	15.00
Participação em actividades sociais	71	29.58	132	55.00	37	15.42
Utilização de computador/portátil (com Internet)	78	32.50	116	48.34	46	19.16
Telemóvel	89	48.34	88	36.66	63	15.00

n= Número total de inquiridos, f= frequência, %= percentagem

Os dados do Quadro 4.3.2 mostram que o máximo (48,76%) dos agricultores tinha um grau médio de exposição aos meios de comunicação social, seguido de um grau elevado (29,58%) e de um grau baixo (21,66%).

Quadro 4.3.2: Distribuição dos inquiridos de acordo com o seu grau de exposição aos meios de comunicação social   (n=240)

Categoria	f	%
Baixo (Pontuação 6-10)	52	21.66
Médio (Pontuação 11-14)	117	48.76
Elevado (Pontuação 15-18)	71	29.58

n= Número total de inquiridos, f= frequência, %= percentagem

4.1.3.2 Contacto com a agência de extensão:

Quando questionados sobre a frequência dos contactos com as várias agências de extensão, os inquiridos preferiram os funcionários dos VLWs. Foi interessante notar que os vendedores privados de sementes, fertilizantes e pesticidas estavam ao mesmo nível que os cientistas agrícolas em termos de frequência de contactos, o que pode ser devido à disponibilidade regular de vendedores locais como e quando necessário, em comparação com os cientistas que cuidam de uma área relativamente maior (ver Quadro 4.4.1).

Tabela 4.4.1: Distribuição dos inquiridos de acordo com a sua frequência de contactos com várias agências de extensão (n=240)

Fontes	Sempre		Por vezes		Nunca	
	f	%	f	%	f	%
VLWs	87	36.26	101	42.08	52	21.66
Cientistas agrícolas	70	29.17	118	49.17	52	21.66
Trabalhadores de sociedades cooperativas	68	28.34	125	52.08	47	19.58
Organizações Não-Governamentais	54	22.50	137	57.08	49	20.42
Sementes privadas, Fertilizantes e Pesticidas Comerciantes	71	29.58	106	44.16	63	26.26

n= Número total de inquiridos, f= frequência, %= percentagem

Os dados do Quadro 4.4.2 indicam que o máximo (48,76%) dos agricultores expressou um nível médio de contactos com a agência de extensão, seguido de 29,16% e 22,08% com um nível baixo de contactos com a agência de extensão.

Tabela 4.4.2: Distribuição dos inquiridos de acordo com o seu nível de contactos com a agência de extensão(n=240)

Categoria	f	%
Baixo (pontuação de 5-8)	53	22.08
Médio (Pontuação 9-12)	117	48.76
Elevado (Pontuação 13-15)	70	29.16

n= Número total de inquiridos, f= frequência, %= percentagem

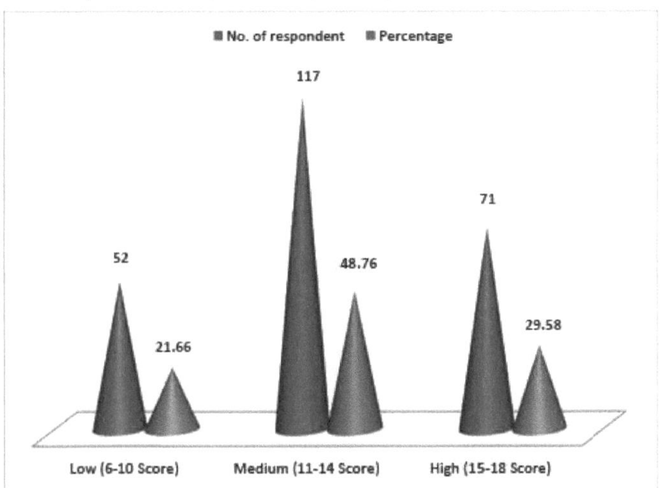

Fig. 11: Distribuição dos inquiridos de acordo com a sua exposição aos meios de comunicação social

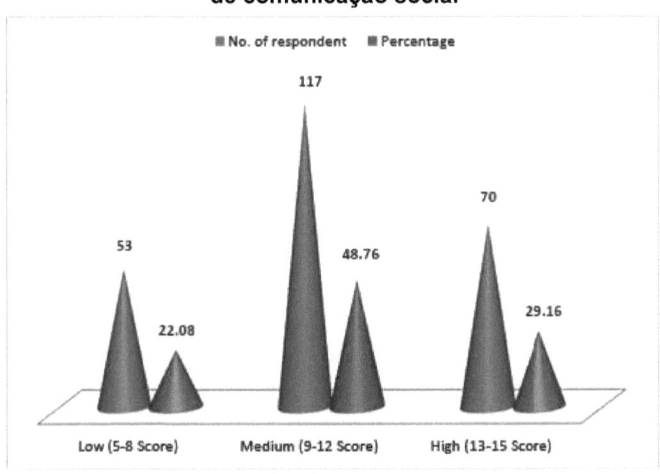

Fig. 12: Distribuição dos inquiridos de acordo com os seus contactos com a agência de extensão

4.2. Medição da atitude dos agricultores em relação a diferentes tipos de meios de comunicação social

4.2.1. Declaração da atitude dos agricultores em relação à rádio

Os dados apresentados na Tabela 4.5 indicam que, nas afirmações positivas sobre o programa de rádio agrícola, as afirmações em relação às quais os agricultores tiveram uma atitude favorável foram "Os programas de rádio informam-nos sobre os conhecimentos técnicos mais recentes sobre as tecnologias agrícolas melhoradas" (Pontuação total 1078), uma vez que 51,26% dos agricultores "concordaram fortemente" e 46,66% "concordaram" com esta afirmação, que ficou em primeiro lugar. A segunda posição foi atribuída a "A audição de emissões agrícolas é benéfica para todos os agricultores" (pontuação total 1073), seguida de "A utilização efectiva de emissões agrícolas aumenta a produção" (pontuação total 1072), "Os programas de rádio agrícolas ajudam no processo de tomada de decisões dos agricultores" (pontuação total 1063), "A rádio é considerada o meio mais credível para a transmissão de informações agrícolas" (pontuação total 1060) e "A informação técnica sobre emissões agrícolas é facilmente compreensível para os agricultores" (pontuação total 1049).

No entanto, nas afirmações de atitude negativa sobre a rádio agrícola, as afirmações para as quais os agricultores tiveram uma atitude desfavorável foram "Possuir um rádio é ineficaz e um desperdício de dinheiro" (pontuação total 1048), seguido por "Ouvir a rádio agrícola é um desperdício de tempo" (pontuação total 1046), "Ouvir a rádio agrícola é valioso apenas para os agricultores progressistas" (pontuação total 1045) e "Aqueles que seguem as recomendações feitas nos programas de rádio agrícola obtêm grandes perdas" (pontuação total 1040).

A pontuação média global de todas as afirmações foi de 44,06, o que mostra uma atitude fortemente favorável e favorável dos agricultores em relação à rádio.

Quadro 4.5: Atitude dos agricultores em relação à rádio, segundo as suas declarações

(n=240)

Declarações	SA	A	N	DA	SDA	TS	EM	Classificação
1. Audição (Rádio)								
Ouvir uma emissão agrícola é um gasto de tempo	01 (00.42)	02 (00.84)	31 (12.92)	82 (34.16)	124 (51.66)	1046	4.35	VIII
A rádio é considerada como o meio mais credível para a difusão de informações agrícolas	127 (52.92)	97 (40.42)	08 (03.33)	05 (02.08)	03 (01.25)	1060	4.41	V
Os programas de rádio agrícolas ajudam no processo	130 (54.16)	85 (35.42)	23 (09.58)	02 (00.84)	00 (00.00)	1063	4.42	IV

	SA	A	N	DA	SDA	TS	MS	
de tomada de decisões dos agricultores								
A rádio agrícola só tem valor para os agricultores progressistas	04 (01.66)	07 (02.92)	12 (05.00)	94 (39.16)	123 (51.26)	1045	4.35	IX
Aqueles que seguem as recomendações feitas nos programas de rádio agrícola obtêm grandes perdas	00 (00.00)	03 (01.26)	22 (09.16)	107 (44.58)	108 (45.00)	1040	4.33	X
Possuir um rádio é ineficaz e um desperdício de dinheiro	01 (0.42)	06 (02.50)	19 (07.92)	92 (38.33)	122 (50.83)	1048	4.36	VII
A audição de emissões agrícolas é benéfica para todos os agricultores	136 (56.66)	90 (37.50)	06 (02.50)	07 (02.92)	01 (00.42)	1073	4.47	II
Os programas de rádio transmitem-nos os conhecimentos técnicos mais recentes sobre tecnologias agrícolas melhoradas	123 (51.26)	112 (46.66)	05 (02.08)	00 (00.00)	00 (00.00)	1078	4.49	I
A utilização eficaz das emissões agrícolas aumenta a produção	130 (54.16)	92 (38.34)	18 (07.50)	00 (00.00)	00 (00.00)	1072	4.46	III
As informações técnicas sobre as emissões agrícolas são facilmente compreensíveis para os agricultores	114 (47.50)	103 (42.92)	21 (08.75)	02 (00.83)	00 (00.00)	1049	4.37	VI
X = 44,06 a = 3,82								

SA-Concordo totalmente, A-Concordo, N-Indeciso, DA-Discordo, SDA-Discordo totalmente, TS-pontuação total, MS-pontuação média, o = Desvio padrão

Fig.13: Atitude dos agricultores em relação à rádio, segundo as suas declarações

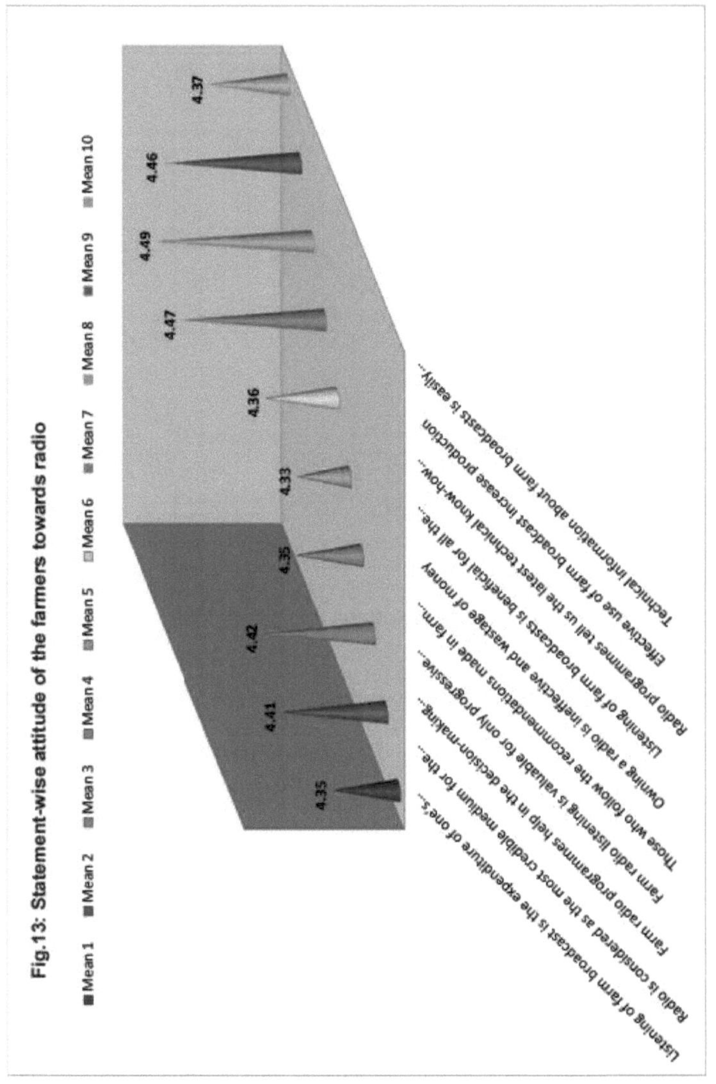

4.2.2. Declaração da atitude dos agricultores em relação à televisão

Os dados apresentados no Quadro 4.6 indicam que, nas afirmações positivas sobre a televisão, as afirmações em relação às quais os agricultores tiveram uma atitude favorável foram "O vídeo educa e entretém lado a lado" (pontuação total 1084), uma vez que 60% dos agricultores "concordaram fortemente" e 35% "concordaram" com esta afirmação, que ficou classificada em primeiro lugar. The second rank was awarded to "T.V. brings the people of remote areas in national mainstream" (Total score 1081), followed by "T.V. information help in increase agriculture production" (Total score 1078), "Television acts as a nerve centre, which transfer the plan and policies of Govt, of the farmers" (Total score 1078), "T.V. provides the latest technical and scientific know-how about farming" (Total score 1073), "Agriculture information communicated through T.V. is understood even by an normal farmer" (Total score 1072), "T.V. helps in better learning the skill of new agriculture technology" (Total score 1067), "T.A televisão é mais um meio de entretenimento do que de qualquer importância educativa na comunicação agrícola" (resultado total 1065), "Os conteúdos dos programas de televisão são teóricos e, por isso, não são aplicáveis" (resultado total 1063), "Os programas de televisão ajudam a assegurar a cooperação da comunidade na resolução de problemas rurais" (resultado total 1060), "O vídeo ajuda a preservar a valiosa experiência de aprendizagem para utilização em situações de aprendizagem futuras" (resultado total 1060) e "O que quer que seja comunicado através de programas de televisão pode ser posto em prática facilmente pelos agricultores" (resultado total 1056).

No entanto, nas declarações de atitude negativa sobre a televisão, as declarações em relação às quais os agricultores tiveram uma atitude desfavorável foram "Muitos programas de televisão são ineficazes para os agricultores" (pontuação total 1046), seguidos de "É melhor fazer algum trabalho em casa ou no campo do que ver televisão". (resultado total: 1049), "A televisão não pode ser utilizada para o desenvolvimento agrícola e rural" (resultado total: 1048), "As recomendações dos programas de televisão são apropriadas para os agricultores ricos e com recursos" (resultado total: 1046), "Os programas de televisão não têm o toque pessoal das pessoas das zonas rurais" (resultado total: 1045) e "Há falta de programas baseados nas necessidades das diferentes situações agrícolas na televisão" (resultado total: 1040).

A pontuação média global de todas as afirmações foi de 79,66, o que revela uma atitude fortemente favorável e favorável dos agricultores em relação à televisão.

Quadro 4.6: Atitude dos agricultores em relação à televisão, segundo as suas declarações

(n=240)

Declaração	SA	A	N	DA	SDA	TS	EM	Classificação
II. Visionamento (Televisão)								
Os programas de televisão ajudam a assegurar a cooperação da comunidade na resolução dos problemas rurais	127 (52.92)	97 (40.42)	08 (03.33)	05 (02.08)	03 (01.26)	1060	4.41	X
A informação televisiva ajuda a aumentar a produção agrícola	136 (56.66)	92 (38.33)	08 (03.33)	02 (00.84)	02 (00.84)	1078	4.49	III
As informações agrícolas transmitidas pela televisão são compreendidas mesmo por um agricultor normal	130 (54.16)	92 (38.34)	18 (07.50)	00 (00.00)	00 (00.00)	1072	4.46	VI
A televisão ajuda a aprender melhor as competências das novas tecnologias agrícolas	132 (55.00)	89 (37.08)	16 (06.66)	00 (00.00)	03 (01.26)	1067	4.44	VII
A televisão fornece os mais recentes conhecimentos técnicos e científicos sobre a agricultura	136 (56.66)	90 (37.50)	06 (02.50)	07 (02.92)	01 (00.42)	1073	4.47	V
Faltam programas de televisão adaptados às necessidades das diferentes situações agrícolas	00 (00.00)	03 (01.26)	22 (09.16)	107 (44.58)	108 (45.00)	1040	4.33	XVIII
Tudo o que é comunicado através dos programas de televisão pode ser facilmente posto em prática pelos agricultores	132 (55.00)	76 (31.66)	29 (12.08)	02 (00.84)	01 (00.42)	1056	4.4	XII
A televisão não pode	01	06	19	92	122	1048	4.36	XV

de modo algum ser utilizada para o desenvolvimento agrícola e rural	(00.42)	(02.50)	(07.91)	(38.33)	(50.84)			

	SA	A	N	DA	SDA	TS	MS	
A televisão é mais um meio de entretenimento do que de importância educativa na comunicação agrícola	133 (55.42)	88 (36.66)	11 (04.58)	07 (02.92)	01 (00.42)	1065	4.43	VIII
As recomendações dos programas de televisão agrícola são adequadas aos agricultores ricos e com recursos	01 (00.42)	02 (00.84)	31 (12.92)	82 (34.16)	124 (51.66)	1046	4.35	XVI
Muitos programas de televisão são ineficazes para os agricultores	02 (00.84)	05 (02.08)	18 (07.50)	86 (35.84)	129 (53.75)	1055	4.39	XIII
A televisão traz as pessoas das zonas remotas para o centro das atenções nacionais	128 (53.34)	106 (44.16)	05 (02.08)	01 (00.42)	00 (00.00)	1081	4.50	II
A televisão actua como um centro nevrálgico, que transfere o plano e as políticas do Governo para os agricultores	123 (51.26)	112 (46.66)	05 (02.08)	00 (00.00)	00 (00.00)	1078	4.49	IV
Os programas televisivos carecem do contacto pessoal com as populações rurais	04 (01.66)	07 (02.92)	12 (05.00)	94 (39.16)	123 (51.26)	1045	4.35	XVII
O vídeo educa e entretém lado a lado	144 (60.00)	84 (35.00)	05 (02.08)	06 (02.50)	01 (00.42)	1084	4.51	I
É melhor fazer algum trabalho em casa ou no campo do que ver televisão.	00 (00.00)	02 (00.83)	21 (08.75)	103 (42.92)	114 (47.50)	1049	4.37	XIV
O vídeo ajuda a preservar a valiosa experiência de aprendizagem para utilização numa situação de aprendizagem futura	122 (50.83)	97 (40.42)	20 (08.33)	01 (00.42)	00 (00.00)	1060	4.41	XI
O conteúdo da transmissão é teórico, pelo que não é aplicável	130 (54.16)	85 (35.42)	23 (09.58)	02 (00.84)	00 (00.00)	1063	4.42	IX
$X = 79,66 \ \sigma = 6,11$								

SA- Concordo fortemente, A- Concordo, N- Indeciso, DA- Discordo, SDA- Discordo fortemente, TS- Pontuação total, MS- Pontuação média, σ = Desvio padrão

Fig.14: Atitude dos agricultores em relação à televisão, segundo as suas declarações

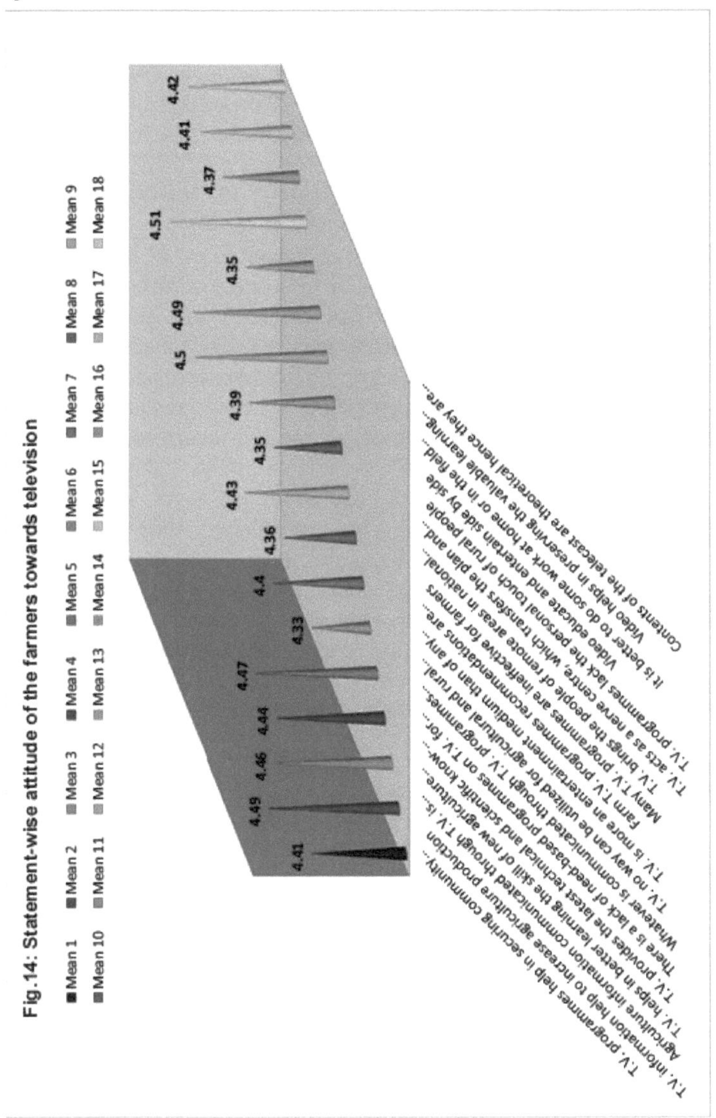

4.2.3. Declaração da atitude dos agricultores em relação aos jornais

Os dados apresentados no Quadro 4.7 indicam que, nas afirmações positivas sobre os jornais, as afirmações em relação às quais os agricultores tiveram uma atitude favorável foram "A leitura dos jornais é útil no planeamento futuro para melhorar a agricultura" (pontuação total 1084), uma vez que 60% dos agricultores "concordaram fortemente" e 35% "concordaram" com esta afirmação, que ficou classificada em primeiro lugar. O segundo lugar foi atribuído a "Os jornais são um poderoso meio de comunicação com os agricultores" (pontuação total 1081) e "Os jornais oferecem informação agrícola consistente" (pontuação total 1078).

No entanto, nas declarações de atitude negativa sobre o jornal, as declarações para as quais os agricultores tiveram uma atitude desfavorável foram: "Para os agricultores, a compra de jornais é um desperdício de dinheiro" (pontuação total 1074), seguida de "Os agricultores que não têm qualquer trabalho só lêem o jornal" (pontuação total 1073), "A intenção dos leitores nas aldeias é apenas ler e não fazer na prática as inovações recomendadas no jornal agrícola" (pontuação total 1067), "O estilo confuso de escrita e o título inadequado da mensagem dada pelo autor criam problemas ao nível da codificação" (pontuação total 1065), "As mensagens seleccionadas nos jornais não são importantes para as situações agrícolas existentes" (pontuação total 1062), "As mensagens nos jornais não são seleccionadas com base nas necessidades dos agricultores" (pontuação total 1056), "As mensagens inoportunas e a cobertura de problemas gerais em vez de específicos tornam os jornais inadequados para os agricultores" (pontuação total 1055), "A falta de clareza na impressão e a utilização inadequada de ilustrações na mensagem criam problemas ao nível da descodificação" (pontuação total 851) e "A cobertura incerta das notícias agrícolas nos jornais tornou-os inadequados para os agricultores" (pontuação total 825).

A pontuação média global de todas as afirmações foi de 51,54, o que revela uma atitude fortemente favorável e favorável dos agricultores em relação aos jornais.

Quadro 4.7: Atitude dos agricultores em relação aos jornais, segundo as suas declarações

(n=240)

Declaração	SA	A	N	DA	SDA	TS	EM	Classificação
III. Leitura (jornais)								
A intenção dos leitores das aldeias é apenas ler e não pôr em prática as inovações recomendadas no jornal agrícola	03 (01.26)	00 (00.00)	16 (06.66)	89 (37.08)	132 (55.00)	1067	4.44	VI
Os jornais são um poderoso meio de comunicação com os agricultores	128 (53.34)	106 (44.16)	05 (02.08)	01 (00.42)	00 (00.00)	1081	4.50	II
As mensagens seleccionadas nos jornais não são importantes para as situações agrícolas existentes	00 (00.00)	01 (00.42)	19 (07.91)	97 (40.42)	123 (51.25)	1062	4.42	VIII
Para os agricultores, a compra de jornais é um desperdício de dinheiro	00 (00.00)	01 (00.42)	22 (09.16)	79 (32.92)	138 (57.50)	1074	4.47	IV
A leitura de jornais é útil no planeamento futuro para melhorar a agricultura	144 (60.00)	84 (35.00)	05 (02.08)	06 (02.50)	01 (00.42)	1084	4.51	I
As mensagens nos jornais não são seleccionadas com base nas necessidades dos agricultores	01 (00.42)	02 (00.84)	29 (12.08)	76 (31.66)	132 (55.00)	1056	4.40	IX
O estilo confuso da escrita e o título inadequado da mensagem dada pelo autor criam problemas ao nível da codificação	01 (00.42)	07 (02.92)	11 (04.58)	88 (36.66)	133 (55.42)	1065	4.43	VII
A falta de clareza na impressão e a utilização inadequada de ilustrações na mensagem criam problemas ao nível da	16 (06.66)	29 (12.08)	41 (17.08)	116 (48.34)	38 (15.84)	851	3.54	XI

descodificação								
Os agricultores que não têm trabalho só lêem os jornais	00 (00.00)	00 (00.00)	18 (07.50)	91 (37.92)	131 (54.58)	1073	4.47	V
Os jornais oferecem informação agrícola consistente	136 (56.66)	92 (38.34)	08 (03.34)	02 (00.83)	02 (00.83)	1078	4.49	III
A cobertura incerta das notícias agrícolas nos jornais tornou-os inadequados para os agricultores	24 (10.00)	35 (14.58)	36 (15.00)	102 (42.50)	43 (17.92)	825	3.43	XII
A mensagem inoportuna e a cobertura de problemas gerais em vez de específicos tornam os jornais inadequados para os agricultores	02 (00.83)	05 (02.08)	18 (07.50)	86 (35.84)	129 (53.75)	1055	4.39	X
$X = 51,54$ a = 3,78								

SA- Concordo fortemente, A- Concordo, N- Indeciso, DA- Discordo, SDA- Discordo fortemente, TS- Pontuação total, MS- Pontuação média, o = Desvio padrão

Fig.15: Atitude dos agricultores em relação aos jornais, segundo as suas declarações

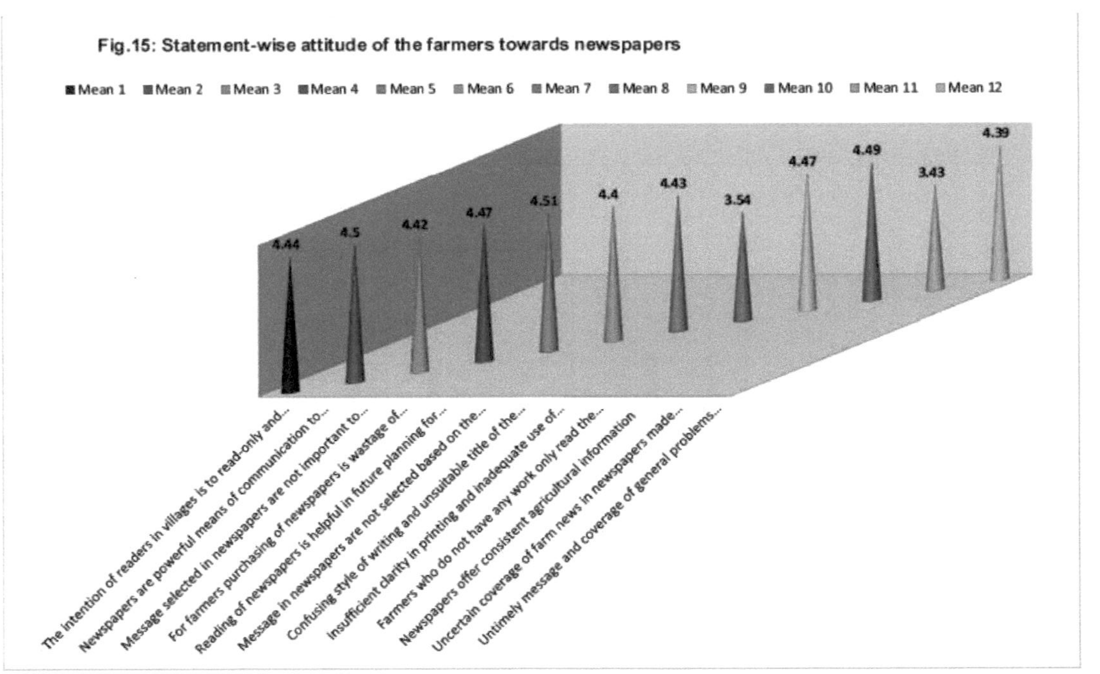

Fig.15: Statement-wise attitude of the farmers towards newspapers
Mean 1 Mean 2 Mean 3 Mean 4 Mean 5 Mean 6 Mean 7 Mean 8 Mean 9 Mean 10 Mean 11 Mean 12
4.44
4.5
4.42
4.47
4.51
4.4
4.43
3.54
4.47
4.49
3.43
4.39
The intention of readers in villages is to read-only and...
Newspapers are powerful means of communication to...
Message selected in newspapers are not important to...
For farmers purchasing of newspapers is wastage of...
Reading of newspapers is helpful in future planning for...
Message in newspapers are not selected based on the...
Confusing style of writing and unsuitable title of the...
Insufficient clarity in printing and inadequate use of...
Farmers who do not have any work only read the...
Newspapers offer consistent agricultural information
Uncertain coverage of farm news in newspapers made...
Untimely message and coverage of general problems...

4.2.4. Atitude dos agricultores em relação à rádio, à televisão e aos jornais
A atitude em relação aos meios de comunicação social foi dividida em três aspectos: rádio, televisão e jornais, respetivamente. De acordo com o Quadro 4.8, a atitude dos agricultores em relação à rádio (51,66%) é fortemente favorável, seguida de 39,58% de agricultores com uma atitude favorável, 7,08% de agricultores com uma atitude neutra, 1,26% de agricultores com uma atitude desfavorável e apenas 0,42% de agricultores com uma atitude fortemente desfavorável.

No caso da televisão, a maioria (52,92%) dos agricultores teve uma atitude fortemente favorável, seguida de 38,75% de agricultores que tiveram uma atitude favorável, 6,66% de agricultores que tiveram uma atitude neutra, 1,25% de agricultores que tiveram uma atitude desfavorável e apenas 0,42% dos agricultores tiveram uma atitude fortemente desfavorável.

Quadro 4.8: Atitude em relação à rádio, à televisão e aos jornais entre os agricultores   (n=240)

Atitude	Categoria	f	%
Rádio	Fortemente desfavorável (Pontuação 10-18)	01	00.42
	Desfavorável (Pontuação 19-26)	03	01.26
	Neutro (Pontuação 27-34)	17	07.08
	Favorável (Pontuação 35-42)	95	39.58
	Fortemente favorável (Pontuação 43-50)	124	51.66
Televisão	Fortemente desfavorável (Pontuação 18-32)	01	00.42
	Desfavorável (33-47 pontos)	03	01.25
	Neutro (Pontuação 48-61)	16	06.66
	Favorável (Pontuação 62-76)	93	38.75
	Fortemente favorável (pontuação de 77-90)	127	52.92
Jornais	Muito desfavorável (Pontuação 12-22)	04	01.66
	Desfavorável (Pontuação 23-31)	08	03.34
	Neutro (Pontuação 32-41)	19	07.92
	Favorável (Pontuação 42-50)	92	38.33
	Fortemente favorável (Pontuação 51-60)	117	48.75

n= Número total de inquiridos, f= frequência, %= percentagem

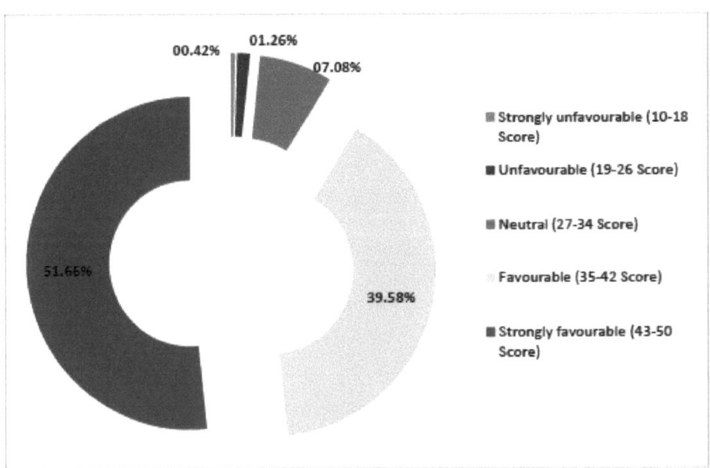

Fig.16: Distribuição percentual dos inquiridos de acordo com a sua atitude em relação à rádio

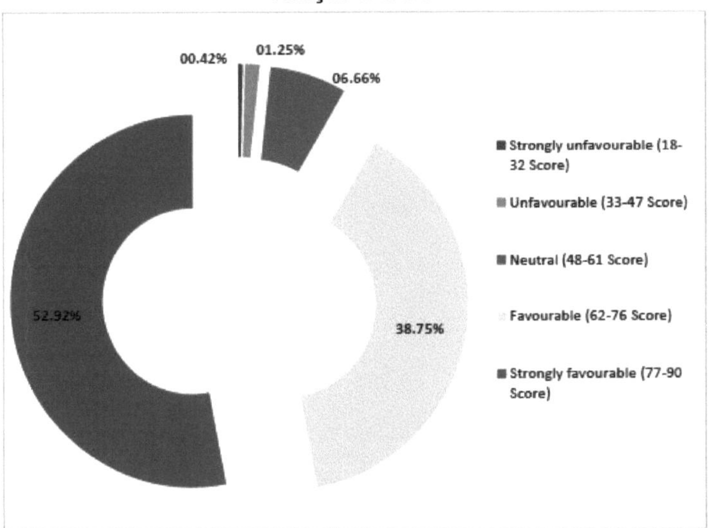

Fig.17: Distribuição percentual dos inquiridos de acordo com a sua atitude em relação à televisão

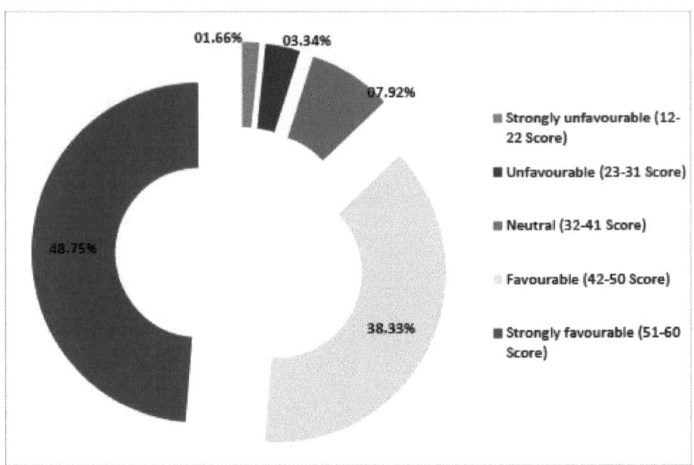

Fig.18: Distribuição percentual dos inquiridos de acordo com a sua atitude em relação aos jornais

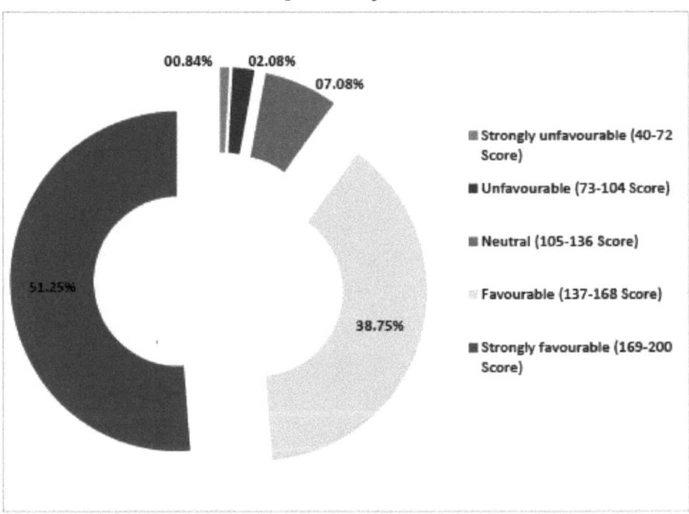

Fig.19: Distribuição percentual dos inquiridos de acordo com a atitude geral em relação aos meios de comunicação social

No caso dos jornais, o máximo (48,75 por cento) dos agricultores teve uma atitude fortemente favorável, seguido de 38,33 por cento de agricultores que tiveram uma atitude favorável, 7,92 por cento de agricultores que tiveram uma atitude neutra, 3,34 por cento de agricultores que tiveram uma atitude desfavorável e apenas 1,66 por cento dos agricultores tiveram uma atitude fortemente desfavorável.

4.2.5. Atitude geral dos agricultores em relação aos meios de comunicação social

Os dados do Quadro 4.9 revelaram que a maioria (51,25%) dos agricultores tinha uma atitude fortemente favorável, seguida de 38,75% de agricultores que tinham uma atitude favorável, 7,08% de agricultores que tinham uma atitude neutra, 2,08% de agricultores que tinham uma atitude desfavorável e apenas 0,84% dos agricultores tinham uma atitude global fortemente desfavorável em relação aos meios de comunicação social. Para resumir os resultados, pode afirmar-se que a esmagadora maioria (90%) dos agricultores tinha uma atitude global fortemente favorável ou favorável em relação aos meios de comunicação social.

Quadro 4.9: Distribuição dos inquiridos de acordo com a atitude geral em relação

meios de comunicação social   (n=240)

Categoria	f	%
Fortemente desfavorável (pontuação 40-72)	02	00.84
Desfavorável (Pontuação 73-104)	05	02.08
Neutro (pontuação 105-136)	17	07.08
Favorável (Pontuação 137-168)	93	38.75
Muito favorável (Pontuação 169-200)	123	51.25

n= Número total de inquiridos, f= frequência, %= percentagem

4.3. Padrão de utilização de diferentes tipos de meios de comunicação social entre os agricultores

O comportamento de utilização dos meios de comunicação social refere-se às actividades do indivíduo que representam o modo de utilização dos meios de comunicação social em termos de audição/visualização/leitura, perceção de utilidade e comportamento de feedback dos agricultores relativamente aos meios de comunicação social para a sua utilização.

1. Comportamento dos agricultores em termos de audição/visualização/leitura dos meios de comunicação social

1.1.1: Disponibilidade/acessibilidade dos meios de comunicação social

O meio de comunicação social mais disponível na área de estudo (Quadro 4.10) indicava que a maioria (87,08%) dos agricultores tinha comprado os seus próprios aparelhos de rádio, seguidos de 78,34% e 69,16% dos agricultores que adquiriram aparelhos de rádio em centros comunitários e em casas de vizinhos. Por outro lado, 67,08% e 58,34% dos agricultores adquiriram aparelhos de rádio numa loja de chá e online. Apenas 39,16% dos agricultores receberam uma prenda de alguém.

No caso da televisão, 84,16% dos agricultores declararam ter adquirido os seus próprios aparelhos de televisão. No entanto, 76,26% e 69,16% dos agricultores adquiriram o aparelho de televisão de vizinhos e online. Por outro lado, 68,34% e

57,08% dos agricultores adquiriram o aparelho de televisão num centro comunitário e por oferta de alguém. Apenas 28,75% dos agricultores adquiriram o aparelho de televisão em lojas de chá.

A grande maioria (90%) dos agricultores adquiriu os seus próprios jornais, seguidos de 79,16% e 70,41% dos agricultores que adquiriram os jornais dos vizinhos e do centro comunitário. Por outro lado, 67,08% e 62,08% dos agricultores adquiriram o conjunto de jornais numa loja de chá e online. Apenas 1,66% dos agricultores receberam um conjunto de jornais oferecido por alguém.

Quadro 4.10: Distribuição dos inquiridos de acordo com a sua disponibilidade de meios de comunicação social   (n=240)

Particularidades	Rádio				Televisão				Jornais			
	Regular	Ocasional	Nunca	TS	Regular	Ocasional	Nunca	TS	Regular	Ocasional	Nunca	TS
Compra própria	209 (87.08)	24 (10.00)	07 (02.92)	682	202 (84.16)	26 (11.26)	12 (05.00)	670	216 (90.00)	15 (06.25)	09 (03.75)	687
Dado por alguém	94 (39.16)	122 (50.84)	24 (10.00)	550	137 (57.08)	70 (29.16)	33 (13.76)	584	04 (01.66)	41 (17.08)	195 (81.26)	289
Centro comunitário	188 (78.34)	34 (14.16)	18 (07.50)	650	164 (68.34)	58 (24.16)	18 (07.50)	626	169 (70.41)	63 (26.25)	08 (03.33)	641
Vizinhos	166 (69.16)	50 (20.84)	24 (10.00)	622	183 (76.26)	46 (19.16)	11 (04.58)	652	190 (79.16)	36 (15.00)	14 (05.84)	656
Loja de chá	161 (67.08)	58 (24.16)	21 (08.76)	620	69 (28.75)	135 (56.25)	36 (15.00)	513	161 (67.08)	63 (26.26)	16 (06.66)	625
Em linha	140 (58.34)	66 (27.50)	34 (14.16)	586	166 (69.16)	53 (22.08)	21 (08.76)	625	149 (62.08)	63 (26.25)	28 (11.66)	601
TS	2874	708	128	3710	2763	776	131	3670	2667	562	270	3499

Os números entre parênteses indicam percentagens, n= Número total de inquiridos, TS= Pontuação total

1.1.2: Motivação para a compra

Os dados apresentados no quadro 4.11 indicam que o máximo (33,34%) dos agricultores tinha motivação para comprar os seus próprios aparelhos de rádio, seguido de 19,16% e 14,16% dos agricultores que estavam motivados para a compra por terem sido motivados por amigos/vizinhos/parentes e família.

No caso da televisão, 37,08% dos agricultores declararam que tinham motivação própria para comprar os seus aparelhos de televisão. No entanto, 29,16% dos agricultores foram motivados a comprar o aparelho de televisão por amigos/vizinhos/parentes. Apenas 7,08% dos agricultores se sentiram motivados para a compra do televisor, sendo a família a principal fonte de motivação.

O maior número de agricultores (39,16%) foi motivado pela compra dos seus próprios jornais, seguido de 17,08% e 13,33%, respetivamente, que foram motivados por amigos/vizinhos/parentes e familiares.

1.1.3: Objetivo da compra

Os dados apresentados na Tabela 4.12 indicaram que a maioria (97,08 por cento) dos agricultores tinha comprado rádio para obter notícias e outras informações. Enquanto que 94,16% dos proprietários de rádio tinham comprado rádio para fins de entretenimento, cerca de 86,25% dos agricultores compraram rádio para fins de previsão do tempo.

No caso da televisão, 97,91% dos agricultores compraram-na para fins de entretenimento. Por outro lado, 82,08% dos proprietários de televisão tinham comprado a televisão para obter notícias e outras informações e cerca de 76,25% dos agricultores tinham comprado a televisão para fins de tecnologia agrícola.

A grande maioria (91,25 por cento) dos agricultores comprou jornais para obter notícias e outras informações. Por outro lado, 81,25% dos proprietários de jornais tinham comprado jornais para fins de previsão meteorológica e cerca de 60% dos agricultores compraram jornais para fins de tecnologia agrícola.

Quadro 4.11: Distribuição dos inquiridos de acordo com a sua motivação de compra   (n=240)

Nome das fontes	Rádio				Televisão				Jornais			
	Regular	Ocasional	Nunca	TS	Regular	Ocasional	Nunca	TS	Regular	Ocasional	Nunca	TS
Autónomo	80 (33.34)	48 (20.00)	112 (46.66)	448	89 (37.08)	34 (14.16)	117 (48.76)	452	94 (39.16)	116 (48.33)	30 (12.50)	544
Família	34 (14.16)	96 (40.00)	110 (45.83)	404	17 (07.08)	92 (38.33)	131 (54.58)	366	32 (13.33)	96 (40.00)	112 (46.66)	400
Amigos/ Vizinhos/ Familiares	46 (19.16)	72 (30.00)	122 (50.83)	404	70 (29.16)	72 (30.00)	98 (40.83)	452	41 (17.08)	75 (31.25)	124 (51.66)	397
Extensionistas	22 (09.16)	89 (37.08)	129 (53.75)	373	12 (05.00)	75 (31.25)	153 (63.75)	339	12 (05.00)	94 (39.16)	134 (55.83)	358
Total	546	610	473	1629	564	546	499	1609	537	762	400	1699

Os números entre parênteses indicam percentagens, n= Número total de inquiridos, TS= Pontuação total

Quadro 4.12: Distribuição dos inquiridos de acordo com o seu objetivo de compra   (n=240)

Particularidades	Rádio				Televisão				Jornais			
	Regular	Ocasional	Nunca	TS	Regular	Ocasional	Nunca	TS	Regular	Ocasional	Nunca	TS
Notícias e	233	05	02	71	197	39	04	67	219	17	04	69

				TS				TS				TS
outras informações	(97.08)	(02.08)	(00.83)	**1**	(82.08)	(16.25)	(01.66)	**3**	(91.25)	(07.08)	(01.66)	**5**
Previsão do tempo	207 (86.25)	24 (10.00)	09 (03.75)	**678**	166 (69.16)	53 (22.08)	21 (08.75)	**625**	195 (81.25)	39 (16.25)	06 (02.50)	**669**
Entretenimento	226 (94.16)	10 (04.16)	04 (01.66)	**702**	235 (97.91)	05 (02.08)	00 (00.00)	**715**	48 (20.00)	149 (62.08)	43 (17.91)	**485**
Tecnologia agrícola	178 (74.16)	51 (21.25)	11 (04.58)	**647**	183 (76.25)	48 (20.00)	09 (03.75)	**654**	144 (60.00)	75 (31.25)	21 (08.75)	**603**
Total	**2532**	**180**	**26**	**2738**	**2343**	**290**	**34**	**2667**	**1818**	**560**	**74**	**2452**

Os números entre parênteses indicam percentagens, n= Número total de inquiridos, TS= Pontuação total

1.1.4: Com quem acompanhar as pessoas

Os dados apresentados no Quadro 4.13 indicam que a maioria (76,25%) dos agricultores ouvia rádio sozinha, seguida de 64,16% e 40% dos agricultores que acompanhavam familiares e amigos/vizinhos/parentes, respetivamente, para ouvir rádio.

No caso da televisão, 82,08% dos agricultores declararam que acompanham o visionamento da televisão com a família. No entanto, 75 por cento dos agricultores viram o televisor sozinhos. Apenas 39,16% dos agricultores viram televisão com amigos, vizinhos e familiares, respetivamente.

A maioria (64,16%) dos agricultores lê os jornais sozinha, seguida de 54,16% e 40% que acompanham a família e os amigos/vizinhos/parentes para ler os jornais, respetivamente.

1.1.5: Faixa horária (Quando)

Os dados apresentados no Quadro 4.14 indicam que a maioria (90%) dos agricultores ouvia programas de rádio à noite, seguidos de 89,16% que ouviam programas de rádio de manhã e 72,08% que ouviam programas de rádio ao meio-dia.

No caso da televisão, 84,16% dos agricultores declararam ter visto programas de televisão ao fim da tarde, seguidos de 71,25% dos agricultores que viram programas de televisão à noite e 47,08% que viram programas de televisão agrícolas ao meio-dia.

A grande maioria (94,16%) dos agricultores lia jornais de manhã, seguidos de 47,91% dos agricultores que liam jornais ao meio-dia e 36,25% dos agricultores que liam jornais sem hora específica.

1.1.6: Duração do programa

Os dados relativos à duração da audição de rádio pelos agricultores para programas comuns e programas relacionados com a agricultura e o lar são apresentados no Quadro 4.15. O máximo (45,41%) dos agricultores ouvia rádio durante 1-3 horas por dia, seguido de 40,83% que ouvia rádio durante mais de 3 horas por dia e 35,41%

que ouvia programas comuns de diferentes canais diariamente, sem duração específica.

Quadro 4.13: Distribuição dos inquiridos de acordo com a pessoa que os acompanha (n=240)

Nome das fontes	Rádio				Televisão				Jornais			
	Regular	Ocasional	Nunca	TS	Regular	Ocasional	Nunca	TS	Regular	Ocasional	Nunca	TS
Sozinho	183 (76.25)	41 (17.08)	16 (06.66)	647	180 (75.00)	46 (19.16)	14 (05.83)	646	154 (64.16)	77 (32.08)	09 (03.75)	625
Com a família	154 (64.16)	86 (35.83)	00 (00.00)	634	197 (82.08)	43 (17.91)	00 (00.00)	677	130 (54.16)	92 (38.33)	18 (07.50)	592
Amigos/ Vizinhos/ Familiares	96 (40.00)	113 (47.08)	31 (12.91)	545	94 (39.16)	137 (57.08)	09 (03.75)	565	96 (40.00)	123 (51.25)	21 (08.75)	555
Extensionistas	34 (14.16)	77 (32.08)	129 (53.75)	385	15 (06.25)	68 (28.33)	157 (65.41)	338	36 (15.00)	72 (30.00)	132 (55.00)	384
Total	1401	634	176	2211	1458	588	180	2226	1248	728	180	2156

Os números entre parênteses indicam percentagens, n= Número total de inquiridos, TS= Pontuação total

Tabela 4.14: Distribuição dos inquiridos de acordo com o seu horário (Quando) (n=240)

Particularidades	Rádio				Televisão				Jornais			
	Regular	Ocasional	Nunca	TS	Regular	Ocasional	Nunca	TS	Regular	Ocasional	Nunca	TS
De manhã (6-10 a.m.)	214 (89.16)	20 (08.33)	06 (02.50)	688	82 (34.16)	130 (54.16)	28 (11.66)	534	226 (94.16)	10 (04.16)	04 (01.66)	702
Ao meio-dia (10h00 - 15h00)	173 (72.08)	48 (20.00)	19 (07.91)	634	113 (47.08)	96 (40.00)	31 (12.91)	562	115 (47.91)	66 (27.50)	59 (24.58)	536
À noite (3-8 p.m.)	216 (90.00)	15 (06.25)	09 (03.75)	687	202 (84.16)	29 (12.08)	09 (03.75)	673	46 (19.16)	108 (45.00)	86 (35.83)	440
À noite (a partir das 20 horas)	44 (18.33)	104 (43.33)	92 (38.33)	432	171 (71.25)	48 (20.00)	21 (08.75)	630	00 (00.00)	12 (05.00)	228 (95.00)	252
Não, hora específica	89 (37.08)	95 (39.58)	56 (23.33)	513	101 (42.08)	94 (39.16)	45 (18.75)	536	87 (36.25)	51 (21.25)	102 (42.50)	465
Total	2208	564	182	2954	2007	794	134	2935	1422	494	479	2395

Quadro 4.15: Distribuição dos inquiridos de acordo com a duração do programa

(n=240)

Duração do programa	Rádio				Televisão				Jornais			
	Regular	Ocasional	Nunca	TS	Regular	Ocasional	Nunca	TS	Regular	Ocasional	Nunca	TS
Até 30 min.	57 (23.75)	87 (36.25)	96 (40.00)	441	102 (42.50)	79 (32.91)	59 (24.58)	523	117 (48.75)	84 (35.00)	39 (16.25)	558
30-60 min.	76 (31.66)	84 (35.00)	80 (33.33)	476	89 (37.08)	92 (38.33)	59 (24.58)	510	29 (12.08)	60 (25.00)	151 (62.91)	358
1-3 horas	109 (45.41)	89 (37.08)	42 (17.50)	547	86 (35.83)	92 (38.33)	62 (25.83)	504	00 (00.00)	09 (03.75)	231 (96.25)	249
Mais de 3 horas	98 (40.83)	75 (31.25)	67 (27.91)	511	74 (30.83)	98 (40.83)	68 (28.33)	486	00 (00.00)	00 (00.00)	240 (100.00)	240
Não, duração específica	85 (35.41)	97 (40.41)	58 (24.16)	507	67 (27.91)	101 (42.08)	72 (30.00)	475	104 (43.33)	71 (29.58)	65 (27.08)	519
Total	1275	864	343	2482	1254	924	320	2498	750	448	726	1924

No caso da televisão, 42,50% dos agricultores declararam que viam televisão até 30 minutos. O máximo (37,08%) dos agricultores viu-a durante 30-60 minutos e 35,83% dos agricultores viu-a durante 1-3 horas por dia.

O máximo (48,75%) dos agricultores lê os jornais durante 30 minutos, seguido de 43,33% dos agricultores que os lêem sem tempo específico e 12,08% dos agricultores que os lêem durante 30-60 minutos por dia.

1.1.7: Método/modo de retenção de conteúdos

Os dados apresentados no Quadro 4.16 indicam que a maioria (57,08 por cento) dos agricultores ouvia rádio para preservar a informação simplesmente memorizando-a na sua mente. Por outro lado, 6,25% dos ouvintes de rádio ouviam para anotar alguns pontos-chave num papel com o objetivo de preservar a informação agrícola para referência futura.

No caso da televisão, 56,25 por cento dos agricultores viram televisão para preservar a informação simplesmente memorizando-a na sua mente. Por outro lado, 4,16% e 2,08% dos telespectadores viram televisão para anotar alguns pontos-chave num papel e mantiveram um diário regular com o objetivo de preservar a informação agrícola para referência futura.

A maioria (46,25 por cento) dos agricultores que lêem jornais preserva a informação simplesmente memorizando-a na sua mente. Por outro lado, 8,33% e 6,25% dos leitores de jornais anotam alguns pontos-chave num papel e fazem uma captura de ecrã para preservar a informação agrícola para referência futura.

1.1.8: Discussão/partilha sobre os conteúdos

Os dados apresentados no Quadro 4.17 indicam que a maioria (85 por cento) dos agricultores tinha discutido conteúdos radiofónicos para obter informações sobre a previsão do tempo. Enquanto que 70 por cento dos agricultores proprietários de rádio tinham discutido conteúdos de rádio para notícias e assuntos actuais, cerca de 65 por cento dos agricultores discutiram a rádio para obter informações de marketing agrícola.

No caso da televisão, 89,16% dos agricultores discutiram os conteúdos televisivos para obterem informações sobre o pacote técnico de práticas. Por outro lado, 88,33% dos agricultores que possuíam televisão tinham discutido

Tabela 4.16: Distribuição dos inquiridos de acordo com o seu método de retenção de conteúdos (n=240)

Particularidades	Rádio				Televisão				Jornais			
	Regular	Ocasional	Nunca	TS	Regular	Ocasional	Nunca	TS	Regular	Ocasional	Nunca	TS
Anotação de alguns pontos-chave	15 (06.25)	60 (25.00)	165 (68.75)	330	10 (04.16)	82 (34.16)	148 (61.66)	342	20 (08.33)	116 (48.33)	104 (43.33)	396
Manter uma alimentação láctea regular	00 (00.00)	56 (23.33)	184 (76.66)	296	05 (02.08)	22 (09.16)	213 (88.75)	272	08 (03.33)	20 (08.33)	212 (88.33)	276
Gravação áudio/vídeo e artigo escrito	00 (00.00)	05 (02.08)	235 (97.91)	245	00 (00.00)	10 (04.16)	230 (95.83)	250	05 (02.08)	20 (08.33)	215 (89.58)	270
Tirar uma captura de ecrã	00 (00.00)	00 (00.00)	240 (100)	240	00 (00.00)	15 (06.25)	225 (93.75)	255	15 (06.25)	36 (15.00)	189 (78.75)	306
Simplesmente memorizar	137 (57.08)	87 (36.25)	16 (06.66)	601	135 (56.25)	92 (38.33)	13 (05.41)	602	111 (46.25)	108 (45.00)	21 (08.75)	570
Total	456	416	840	1712	450	442	829	1721	477	600	741	1818

Os números entre parênteses indicam percentagens, n= Número total de inquiridos, TS= Pontuação total

Tabela 4.17: Distribuição dos inquiridos de acordo com a sua discussão sobre os conteúdos (n=240)

Objeto	Rádio				Televisão				Jornais			
	Regular	Ocasional	Nunca	TS	Regular	Ocasional	Nunca	TS	Regular	Ocasional	Nunca	TS
1. Generalidades												

				TS				TS				TS
Notícias e actualidades	168 (70.00)	39 (16.25)	33 (13.75)	**615**	144 (60.00)	87 (36.25)	09 (03.75)	**615**	209 (87.08)	22 (09.16)	09 (03.75)	**680**
Entretenimento	113 (47.08)	77 (32.08)	50 (20.83)	**543**	192 (80.00)	39 (16.25)	09 (03.75)	**663**	118 (49.16)	72 (30.00)	50 (20.83)	**548**
Desporto	70 (29.16)	77 (32.08)	93 (38.75)	**457**	171 (71.25)	46 (19.16)	23 (09.58)	**628**	197 (82.08)	36(15.00)	07 (02.91)	**670**
2. Agricultura												
Previsão do tempo em agricultura	204 (85.00)	27 (11.25)	09 (03.75)	**675**	176 (73.33)	53 (22.08)	11 (04.58)	**645**	192 (80.00)	32 (13.33)	16 (06.66)	**656**
Comercialização agrícola	156 (65.00)	39 (16.25)	45 (18.75)	**591**	212 (88.33)	22 (09.16)	06 (02.50)	**686**	188 (78.33)	34 (14.16)	18 (07.50)	**650**
Pacote técnico de práticas	106 (44.16)	63 (26.25)	71 (29.58)	**515**	214 (89.16)	22 (09.16)	04 (01.66)	**690**	173 (72.08)	48 (20.00)	19 (07.91)	**634**
História de sucesso	116 (48.33)	75 (31.25)	49 (20.41)	**547**	156 (65.00)	56 (23.33)	28 (11.68)	**608**	154 (64.16)	63 (26.25)	23 (09.58)	**611**
Total	2799	794	350	**3943**	3795	650	90	**4535**	3693	614	142	**4449**

Os números entre parênteses indicam percentagens, n= Número total de inquiridos, TS= Pontuação total

Televisão para informação sobre marketing agrícola, cerca de 80 por cento dos agricultores discutiram a televisão para entretenimento.

A grande maioria (87,08%) dos agricultores discutiu o conteúdo dos jornais para obter notícias e assuntos actuais. Por outro lado, 82,08% dos agricultores proprietários de jornais discutiram os jornais para obter notícias relacionadas com desporto e cerca de 80% dos agricultores discutiram os jornais para obter informações sobre a previsão do tempo.

Nível de audição/ visionamento/ leitura dos meios de comunicação social entre os agricultores

Os dados apresentados no Quadro 4.18 indicam que o máximo (48,75 por cento) dos agricultores ouvintes de rádio tinha um nível elevado de comportamento de escuta dos meios de comunicação social. Por outro lado, 26,25 por cento dos agricultores que ouviam rádio tinham um nível baixo e 25 por cento dos agricultores que ouviam rádio tinham um nível médio de comportamento de escuta dos meios de comunicação social.

A maioria (50,83%) dos agricultores que assistiam à televisão tinha um nível elevado de comportamento em relação aos meios de comunicação social. Por outro lado, 26,25% dos agricultores que assistem à televisão têm um nível médio e 22,92% dos agricultores que assistem à televisão têm um nível baixo de comportamento em relação aos meios de comunicação social.

A maioria (43,75 por cento) dos utilizadores de jornais tinha um nível elevado de comportamento de leitura dos meios de comunicação social. Por outro lado, 31,25% dos utilizadores de jornais tinham um nível baixo e 25% dos utilizadores de jornais tinham um nível médio de comportamento de leitura dos meios de comunicação social, respetivamente.

Quadro 4.18: Distribuição dos inquiridos de acordo com o seu nível de comportamento de audição/ visionamento/ leitura dos meios de comunicação social (n=240)

Nível de comportamento	Audição		Visualização		Leitura	
	f	%	f	%	f	%
Baixo (pontuação 40-67)	63	26.25	55	22.92	75	31.25
Médio (pontuação 68-93)	60	25.00	63	26.25	60	25.00
Elevado (94-120 pontos)	117	48.75	122	50.83	105	43.75

n= Número total de inquiridos, f= frequência, %= percentagem

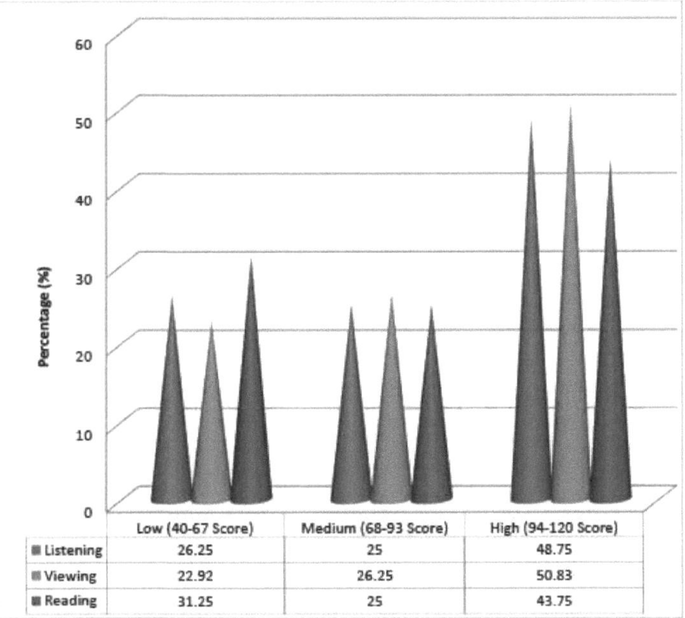

Fig. 20: Distribuição percentual dos inquiridos de acordo com o seu nível de comportamento de audição/ visionamento/ leitura dos meios de comunicação social

II. Utilidade dos meios de comunicação social - comportamento de perceção dos agricultores

Os dados apresentados no Quadro 4.19 indicam o comportamento de perceção de utilidade de diferentes aspectos dos meios de comunicação social, tal como são percebidos pelos agricultores. O comportamento de perceção de utilidade dos agricultores foi registado como totalmente, parcialmente e não. A maioria (73,33%) dos agricultores ouvintes de rádio tinha uma perceção de utilidade totalmente clara pela rádio, seguida de 70,41% dos agricultores ouvintes de rádio que tinham uma perceção de utilidade totalmente viável, 70% dos agricultores ouvintes de rádio percebiam que a rádio cobria totalmente o assunto, 69.16% dos agricultores ouvintes consideraram a rádio inovadora, 67,50% dos agricultores ouvintes ouviram a rádio atempadamente, 67,50% dos agricultores ouvintes referiram que a rádio era inspiradora, 66,25% dos agricultores ouvintes consideraram que os conteúdos da rádio eram simples e 64,16% dos ouvintes compreenderam totalmente a rádio.

Majority (87.08 per cent) of the T.V. viewing farmers reported that T.V. was fully illustrative, followed by 77.50 per cent of the T.V. viewing farmers perceived T.V. as inspiriting, 75.83 per cent of the T.V. viewing farmers fully comprehend by T.V. contents, 75.83 per cent of the T.V. viewing farmers perceived T.V. as fully simple, 75.41% dos utilizadores de VT afirmaram que a VT era totalmente oportuna, 74,58% dos utilizadores de VT disseram que a VT era totalmente clara, 73,33% dos utilizadores de VT disseram que os conteúdos cobriam totalmente o assunto e 71,66% dos utilizadores de VT disseram que a VT era totalmente inovadora.

A maioria (78,75 por cento) dos leitores de jornais referiu que os jornais eram totalmente ilustrativos, seguidos de 68,75 por cento dos leitores de jornais que afirmaram que os jornais eram totalmente inovadores, 65 por cento dos leitores de jornais que afirmaram que os conteúdos cobriam totalmente o assunto, 64,58 por cento dos leitores de jornais que consideravam os jornais totalmente simples, 63.75% dos agricultores que lêem jornais afirmaram que os jornais são totalmente oportunos, 62,91% dos agricultores que lêem jornais consideram que os jornais são inspiradores, 58,33% dos agricultores que lêem jornais afirmaram que os jornais são totalmente claros e 56,66% dos leitores de jornais compreendem totalmente os jornais.

Quadro 4.19: Distribuição dos inquiridos de acordo com o seu comportamento de perceção da utilidade dos meios de comunicação social   (n=240)

Aspectos	Rádio				Televisão				Jornais			
	Total mente	Parcial mente	Não	TS	Total mente	Parcial mente	Não	TS	Total mente	Parcial mente	Não	TS
Compreensibilidade	154 (64.16)	66 (27.50)	20 (08.35)	614	182 (75.83)	41 (17.08)	17 (07.08)	645	136 (56.66)	63 (26.25)	41 (17.08)	575
Fiabilidade	141 (58.75)	65 (27.08)	34 (14.16)	587	153 (63.75)	64 (26.66)	23 (09.58)	610	128 (53.33)	90 (37.50)	22 (09.16)	586
Clareza	176 (73.33)	46 (19.16)	18 (07.50)	638	179 (74.58)	45 (18.75)	16 (06.66)	643	140 (58.33)	70 (29.16)	30 (12.50)	590
Simplicidade	159 (66.25)	60 (25.00)	21 (08.75)	618	182 (75.83)	43 (17.91)	15 (06.25)	647	155 (64.58)	61 (25.41)	24 (10.00)	611

				TS				TS				TS
Atualidade	162 (67.50)	50 (20.83)	28 (11.66)	**614**	181 (75.41)	43 (17.91)	16 (06.66)	**645**	153 (63.75)	69 (28.75)	18 (07.50)	**615**
Viabilidade	169 (70.41)	50 (20.83)	21 (08.75)	**628**	170 (70.83)	49 (20.41)	21 (08.75)	**629**	130 (54.16)	83 (34.58)	27 (11.25)	**583**
Objeto coberto	168 (70.00)	50 (20.83)	22 (09.16)	**626**	176 (73.33)	47 (19.58)	17 (07.08)	**639**	156 (65.00)	67 (27.91)	17 (07.08)	**619**
Inovação	166 (69.16)	50 (20.83)	24 (10.00)	**622**	172 (71.66)	50 (20.83)	18 (07.50)	**634**	165 (68.75)	64 (26.66)	11 (04.58)	**634**
Inspiração	162 (67.50)	65 (27.08)	13 (05.41)	**629**	186 (77.50)	40 (16.66)	14 (05.83)	**652**	151 (62.91)	62 (25.83)	27 (11.25)	**604**
Ilustratividade	00 (00.00)	00 (00.00)	240 (100.00)	**240**	209 (87.08)	31 (12.91)	00 (00.00)	**689**	189 (78.75)	51 (21.25)	00 (00.00)	**669**
Total	4371	1004	441	**5816**	5370	906	157	**6433**	4509	1360	217	**6086**

Os números entre parênteses indicam percentagens, n= Número total de inquiridos, TS= Pontuação total

Nível de perceção da utilidade dos meios de comunicação social entre os agricultores

Os dados apresentados no Quadro 4.20 indicam que a maioria (60,83%) dos agricultores que ouvem rádio tem um nível elevado de perceção da utilidade dos meios de comunicação social. Por outro lado, 20,83% dos agricultores que ouviam rádio tinham um nível médio e 18,34% dos agricultores que ouviam rádio tinham um nível baixo de comportamento de perceção da utilidade dos meios de comunicação social.

A maioria (74,58%) dos agricultores que viam televisão tinha um nível elevado de perceção da utilidade dos meios de comunicação social. Por outro lado, 18,76% dos agricultores que viam televisão tinham um nível médio e 6,66% dos agricultores que viam televisão tinham um nível baixo de perceção da utilidade dos meios de comunicação social.

A maioria (62,50 por cento) dos utilizadores de jornais tinha um nível elevado de comportamento de perceção da utilidade dos meios de comunicação social. Por outro lado, 28,34% e 9,16% dos utilizadores de jornais tinham um nível médio e baixo de comportamento de perceção da utilidade dos meios de comunicação social, respetivamente.

Quadro 4.20: Distribuição dos inquiridos de acordo com o seu nível de comportamento de perceção da utilidade dos meios de comunicação social (n=240)

Nível de perceção de utilidade	Rádio		Televisão		Jornais	
	f	%	f	%	f	%

Baixo (pontuação de 10-17)	44	18.34	16	06.66	22	09.16
Médio (18-23 pontos)	50	20.83	45	18.76	68	28.34
Elevada (pontuação 24-30)	146	60.83	179	74.58	150	62.50

n= Número total de inquiridos, f= frequência, %= percentagem

III. Reacções dos agricultores aos meios de comunicação social

Os dados apresentados no Quadro 4.21 indicam o comportamento de feedback de diferentes aspectos dos meios de comunicação de massas, tal como é percepcionado pelos agricultores. O comportamento de feedback dos agricultores foi registado como regular, ocasional e nunca. A maioria (50,41%) dos comentários sobre o comportamento da rádio foi "Satisfeito com a informação adicional", seguido de "Obteve informação adicional de um cientista/KVK/Departamento de Agricultura" (40,33%), "Comunicou aos médicos veterinários o problema discutido em relação à agricultura e à pecuária" (30,83%), "Escreveu à AIR M.P. para obter novamente informação adicional sobre o tópico transmitido" (21,66%) e "Deu sugestões para melhorar o programa de rádio agrícola" (17,08%).

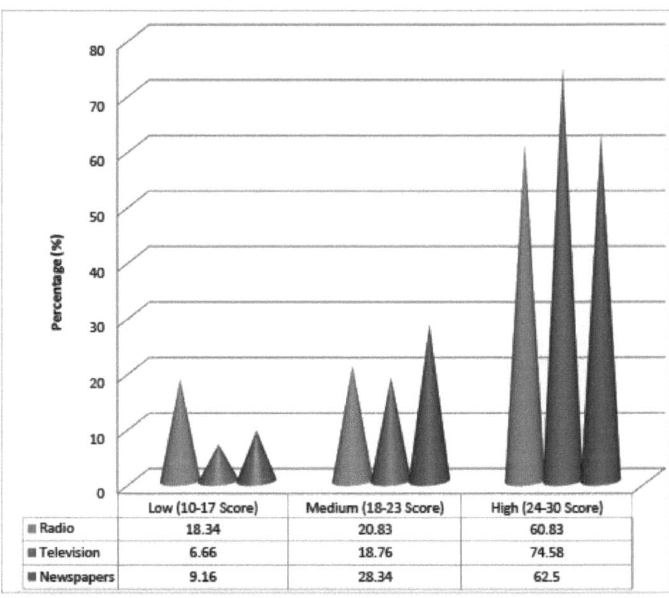

	Low (10-17 Score)	Medium (18-23 Score)	High (24-30 Score)
Radio	18.34	20.83	60.83
Television	6.66	18.76	74.58
Newspapers	9.16	28.34	62.5

Fig. 21: Distribuição percentual dos inquiridos de acordo com o seu nível de comportamento de perceção da utilidade dos meios de comunicação social

Quadro 4.21: Distribuição dos inquiridos de acordo com o seu feedback comportamento   (n=240)

Aspectos	Regul ar	Ocasional	Nunca	TS
Reacções dos agricultores através da rádio				
Escreveu à AIR M.P. para obter novamente informações adicionais sobre o tema transmitido	52 (21.66)	138 (57.50)	50 (20.83)	482
Obteve informações adicionais junto do cientista/ KVK/ Departamento de Agricultura	104 (40.33)	79 (32.91)	57 (23.75)	527
Comunicar aos médicos veterinários os problemas discutidos no domínio da agricultura e da criação de animais	74 (30.83)	117 (48.75)	49 (20.41)	505
Satisfeito com informações adicionais	121 (50.41)	48 (20.00)	71 (29.58)	530
Sugestões para melhorar o programa de rádio agrícola	41 (17.08)	153 (63.75)	46 (19.16)	475
Total	**1176**	**1070**	**273**	**2519**
Reacções dos agricultores através da televisão				
Escreveu ao DDK M.P. para obter novamente informações adicionais sobre o tema transmitido	41 (17.08)	151 (62.91)	48 (20.00)	473
Obteve informações adicionais junto do cientista/ KVK/ Departamento de Agricultura	59 (24.58)	113 (47.08)	68 (28.33)	471
Comunicar aos médicos veterinários os problemas discutidos no domínio da agricultura e da criação de animais	78 (32.50)	115 (47.91)	47 (19.58)	511
Satisfeito com informações adicionais	57 (23.75)	103 (42.91)	80 (33.33)	457
Sugestões para melhorar o programa de televisão agrícola	88 (36.66)	101 (42.08)	51 (21.25)	517
Total	**969**	**1166**	**294**	**2429**
Reacções dos agricultores através dos jornais				
Escrever ao editor do jornal para obter novamente informações adicionais sobre o tema impresso	57 (23.75)	109 (45.41)	74 (30.83)	463
Obteve informações adicionais sobre tópicos já discutidos de artigos e notícias sobre agricultura do KVK/Departamento de Agricultura	62 (25.83)	99 (41.25)	79 (32.91)	463
Obteve informações adicionais sobre a criação de animais junto de médicos veterinários	72 (30.00)	101 (42.08)	67 (27.91)	485
Obteve informações adicionais e ficou satisfeito	73 (30.41)	97 (40.41)	70 (29.16)	483
Dar sugestões para melhorar as notícias/artigos	80 (33.33)	106 (44.16)	54 (22.50)	506
Total	**1032**	**1024**	**344**	**2400**

Os números entre parênteses indicam percentagens, n= Número total de inquiridos, TS= Pontuação total

No máximo (36,66%) dos comentários sobre o comportamento da televisão, "Dei sugestões para melhorar o programa de televisão agrícola", seguido de "Comuniquei aos médicos veterinários os problemas discutidos em matéria de agricultura e pecuária" (32,50%), "Obtive informações adicionais de cientistas/KVK/Departamento de Agricultura" (24,58%), "Fiquei satisfeito com as informações adicionais" (23,75%) e "Escrevi ao DDK M.P. para obter novamente informações adicionais sobre o tema transmitido" (17,08%).

O máximo (33,33%) do comportamento de feedback dos jornais foi "Dar sugestões para melhorar as notícias/artigos", seguido de "Obter informações adicionais e ficar satisfeito" (30,41%), "Obter informações adicionais sobre criação de animais de médicos veterinários" (30%), "Obter informações adicionais sobre tópicos já discutidos de artigos sobre agricultura e notícias do KVK/Departamento de Agricultura" (25,83%) e "Escrever ao editor do jornal para obter novamente informações adicionais sobre o tópico impresso" (23,75%).

Nível de reação dos agricultores aos meios de comunicação social

Os dados apresentados no Quadro 4.22 indicam que o máximo (44,58%) dos produtores que ouviam rádio tinha um nível médio de comportamento de feedback. Enquanto 32% dos agricultores que ouviam rádio tinham um nível elevado e 22,92% dos agricultores que ouviam rádio tinham um nível baixo de comportamento de feedback.

A maioria (48,34%) dos agricultores que viam televisão tinha um nível médio de comportamento de feedback. Por outro lado, 27,08% dos agricultores que viam televisão tinham um nível elevado e 24,58% dos agricultores que viam televisão tinham um nível baixo de comportamento de feedback.

Quadro 4.22: Distribuição dos inquiridos de acordo com o seu nível de comportamento de feedback   (n=240)

Nível de comportamento de feedback	Rádio		Televisão		Jornais	
	f	%	f	%	f	%
Baixo (pontuação de 5-8)	55	22.92	59	24.58	69	28.75
Médio (Pontuação 9-12)	107	44.58	116	48.34	102	42.50
Elevado (Pontuação 13-15)	78	32.00	65	27.08	69	28.75

n= Número total de inquiridos, f= frequência, %= percentagem

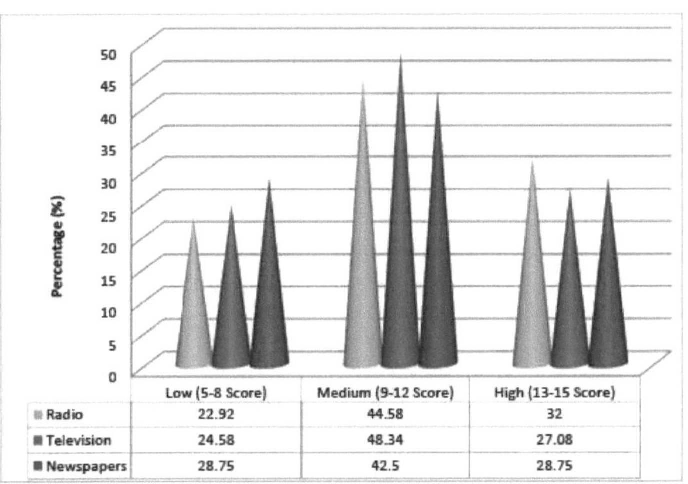

Fig. 22: Distribuição percentual dos inquiridos de acordo com o seu nível de comportamento de feedback

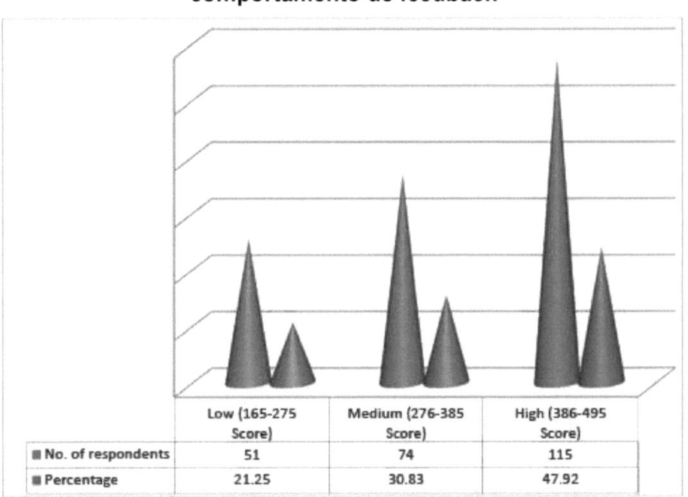

Fig. 23: Distribuição dos inquiridos de acordo com o seu comportamento de utilização dos meios de comunicação social

A maioria (42,50%) dos utilizadores do jornal tinha um nível médio de comportamento de feedback. Enquanto que 28,75% dos utilizadores de jornais tinham um nível elevado e 28,75% dos utilizadores de jornais tinham um nível baixo de comportamento de feedback.

Comportamento de utilização dos meios de comunicação social

A utilização foi avaliada com base nas pontuações cumulativas dos agricultores em cada parâmetro/aspeto. Os agricultores foram classificados de acordo com o procedimento estatístico adequado, com base nas suas pontuações, e apresentados no Quadro 4.23. É evidente que a percentagem máxima de agricultores, ou seja, 47,92%, indicou um comportamento de utilização elevada dos meios de comunicação social, seguido de 30,83% de comportamento de utilização média e 21,25% de comportamento de utilização baixa dos meios de comunicação social.

Quadro 4.23: Distribuição dos inquiridos de acordo com a utilização dos meios de comunicação social

comportamento   (n=240)

Comportamento de utilização	f	%
Baixa (pontuação de 165-275)	51	21.25
Médio (276-385 pontos)	74	30.83
Elevado (Pontuação 386-495)	115	47.92

n= Número total de inquiridos, f= frequência, %= percentagem

4.4. Preferências dos agricultores em relação aos meios de comunicação social

I. Preferência pelo comportamento de audição/ visionamento/ leitura dos meios de comunicação social

Os dados do Quadro 4.24 mostram a preferência dos agricultores em relação a diferentes parâmetros, nomeadamente a disponibilidade dos meios de comunicação social, a motivação para a compra, o objetivo da compra, as pessoas que os acompanham, o horário, a duração do programa, o método de retenção dos conteúdos e a discussão sobre os conteúdos. É evidente, a partir dos dados gerados através da pontuação média ponderada, que, entre os vários parâmetros do comportamento de audição dos meios de comunicação social, a "Discussão sobre os conteúdos" foi a primeira preferência, com a pontuação média mais elevada (16,43), seguida da "Disponibilidade dos meios de comunicação social" (15,46), do "Horário" (12,31), do "Objetivo de compra" (11,41), da "Duração do programa" (10,34), do "Com quem acompanhar as pessoas" (9,21), do "Método de retenção de conteúdos" (7,13) e da "Motivação para a compra" (6,79) no que respeita à rádio. No que respeita ao visionamento, a "Discussão sobre os conteúdos" foi a primeira preferência, com a pontuação média mais elevada (18,90), seguida da "Disponibilidade dos meios de comunicação social" (15,28), "Horário" (12,23), "Objetivo de compra" (11,11), "Duração do programa" (10,41), "Com quem acompanha as pessoas" (9,28), "Método de retenção de conteúdos" (7,17) e "Motivação para a compra" (6,70).

Quadro 4.24: Preferências em matéria de audição/ visionamento/ leitura dos meios de comunicação social

comportamento   (n=240)

Parâmetros/ Aspectos	Audição		Visualização		Leitura	
	Média	Classificação	Média	Classificação	Média	Classificação
Disponibilidade dos meios de comunicação social	15.46	II	15.29	II	14.58	II
Motivação para a compra	06.79	VIII	06.70	VIII	07.08	VIII

Objetivo da compra	11.41	IV	11.11	IV	10.22	III
Com quem acompanhar as pessoas	09.21	VI	09.28	VI	08.98	V
Horário	12.31	III	12.23	III	09.98	IV
Duração do programa	10.34	V	10.41	V	08.02	VI
Método de retenção de conteúdos	07.13	VII	07.17	VII	07.58	VII
Discussão sobre o conteúdo	16.43	I	18.90	I	18.54	I

No que diz respeito à leitura, a "Discussão sobre os conteúdos" foi a primeira preferência com a pontuação média mais elevada (18,54), seguida da "Disponibilidade dos meios de comunicação social" (14,58), "Objetivo de compra" (10,22), "Horário" (9,98), "Com quem acompanhar" (8,98), "Duração do programa" (8,02), "Método de retenção de conteúdos" (7,58) e "Motivação para comprar" (7,08).

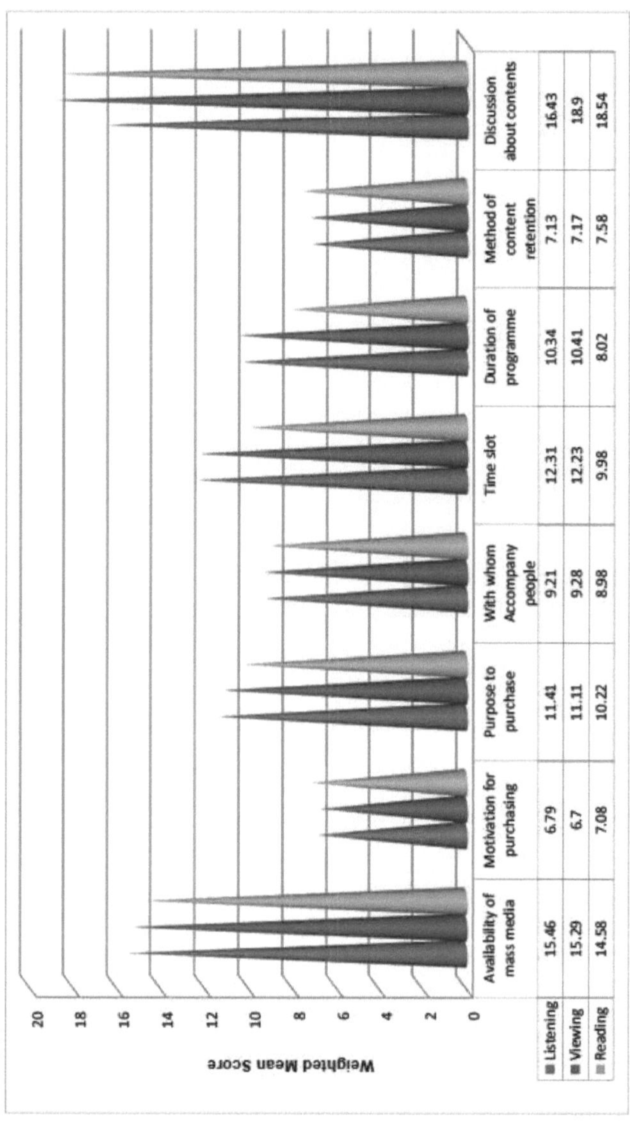

Fig. 24: Preferência dos agricultores relativamente ao comportamento de audição/ visionamento/ leitura dos meios de comunicação social

78

II. Preferência pelo comportamento de perceção de utilidade dos meios de comunicação social

Os dados do Quadro 4.25 mostram a preferência dos agricultores em relação a diferentes parâmetros, nomeadamente compreensibilidade, fiabilidade, clareza, simplicidade, atualidade, viabilidade, assunto tratado, inovação, inspiração e ilustração. É evidente, a partir dos dados gerados através da pontuação média ponderada, que entre os vários parâmetros do comportamento de perceção da utilidade dos meios de comunicação social, a "Clareza" foi a primeira preferência com a pontuação média mais elevada (2,66), seguida da "Inspiração" (2.62), "Viabilidade" (2,61), "Assunto abordado" (2,60), "Inovação" (2,59), "Simplicidade" (2,57), "Atualidade" (2,55), "Compreensibilidade" (2,55), "Fiabilidade" (2,45) e "Ilustração" (1,00) no que respeita à rádio.

Em respe

ct da televisão, a "Ilustratividade" foi a primeira preferência com a pontuação média mais elevada (2,87), seguida da "Inspiração" (2,72), "Simplicidade" (2,70), "Compreensibilidade" (2,69), "Atualidade" (2,69), "Clareza" (2,68), "Assunto abordado" (2,66), "Inovação" (2,64), "Viabilidade" (2,62) e "Fiabilidade" (2,54).

Quadro 4.25: Preferência pelo comportamento de perceção da utilidade dos meios de comunicação social

(n=240)

Parâmetros/ Aspectos	Rádio Média	Rádio Classificação	Televisão Média	Televisão Classificação	Jornais Média	Jornais Classificação
Compreensibilidade	2.55	VIII	2.69	IV	2.40	X
Fiabilidade	2.45	IX	2.54	X	2.44	VIII
Clareza	2.66	I	2.68	VI	2.46	VII
Simplicidade	2.57	VI	2.70	III	2.54	V
Atualidade	2.55	VII	2.69	V	2.56	IV
Viabilidade	2.61	III	2.62	IX	2.43	IX
Temas abordados	2.60	IV	2.66	VII	2.57	III
Inovação	2.59	V	2.64	VIII	2.64	II
Inspiração	2.62	II	2.72	II	2.51	VI
Ilustratividade	1.00	X	2.87	I	2.79	I

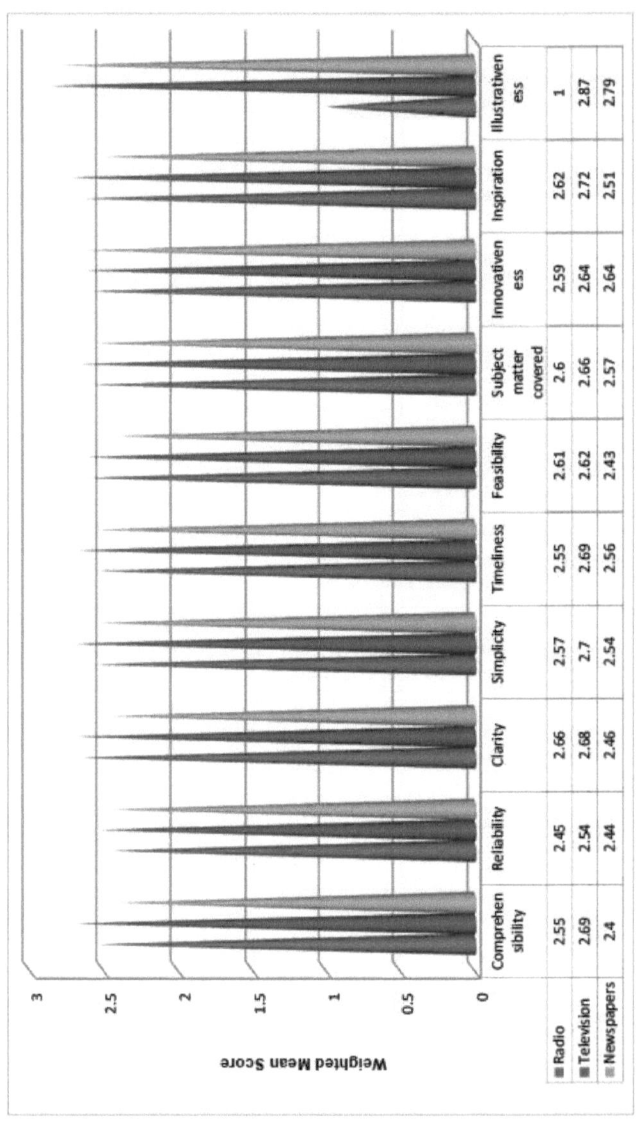

Fig. 25: Preferência dos agricultores pelo comportamento de perceção da utilidade dos meios de comunicação social

80

No que diz respeito ao jornal, a "Ilustratividade" foi a primeira preferência com a pontuação média mais elevada (2,79), seguida da "Inovação" (2,64), do "Assunto abordado" (2,57), da "Atualidade" (2,56), da "Simplicidade" (2,54), da "Inspiração" (2,51), da "Clareza" (2,46), da "Fiabilidade" (2,44), da "Viabilidade" (2,43) e da "Compreensibilidade" (2,40).

III. Preferência sobre o comportamento de feedback dos agricultores relativamente aos meios de comunicação social

Os dados apresentados no Quadro 4.26 indicam as preferências dos agricultores em relação a vários parâmetros sobre os quais foi avaliado o comportamento de feedback dos meios de comunicação social. It is clear from the data generated through weighted mean score that among various parameters of feedback behaviour of mass media, "Satisfied with additional information" was given first preference with highest mean score (2.21), followed by "Got additional information from Scientist/ KVK/ Agriculture Department" (2.19), "Comunicou aos médicos veterinários os problemas discutidos em matéria de agricultura e pecuária" (2,10), "Escreveu à AIR M.P. para obter novamente informações adicionais sobre o tema transmitido" (2,0) e "Deu sugestões para melhorar o programa radiofónico agrícola" (1,98) no que respeita à rádio.

No que diz respeito à televisão, "Dar sugestões para melhorar o programa de televisão agrícola" foi a primeira opção com a pontuação média mais elevada (2,15), seguida de "Comunicar aos médicos veterinários os problemas discutidos em matéria de agricultura e pecuária" (2,12), "Escrever ao DDK M.P. para obter novamente informações adicionais sobre o tema transmitido" (1,97), "Obter informações adicionais de cientistas/ KVK/ Departamento de Agricultura" (1,96) e "Satisfeito com as informações adicionais" (1,90).

No que diz respeito aos jornais, "Dar sugestões para melhorar as notícias/artigos" foi a primeira preferência, com a pontuação média mais elevada (2,11), seguida de "Obter informações adicionais sobre a criação de animais por parte dos médicos veterinários" (2,02), "Obter informações adicionais e ficar satisfeito" (2,01), "Obter informações adicionais sobre tópicos já discutidos em artigos sobre agricultura e notícias do KVK/Departamento de Agricultura" (1,93) e "Escrever ao editor do jornal para obter novamente informações adicionais sobre o tópico impresso" (1,93).

Fig. 26: Preferência dos agricultores sobre o comportamento de feedback relativamente aos meios de comunicação social

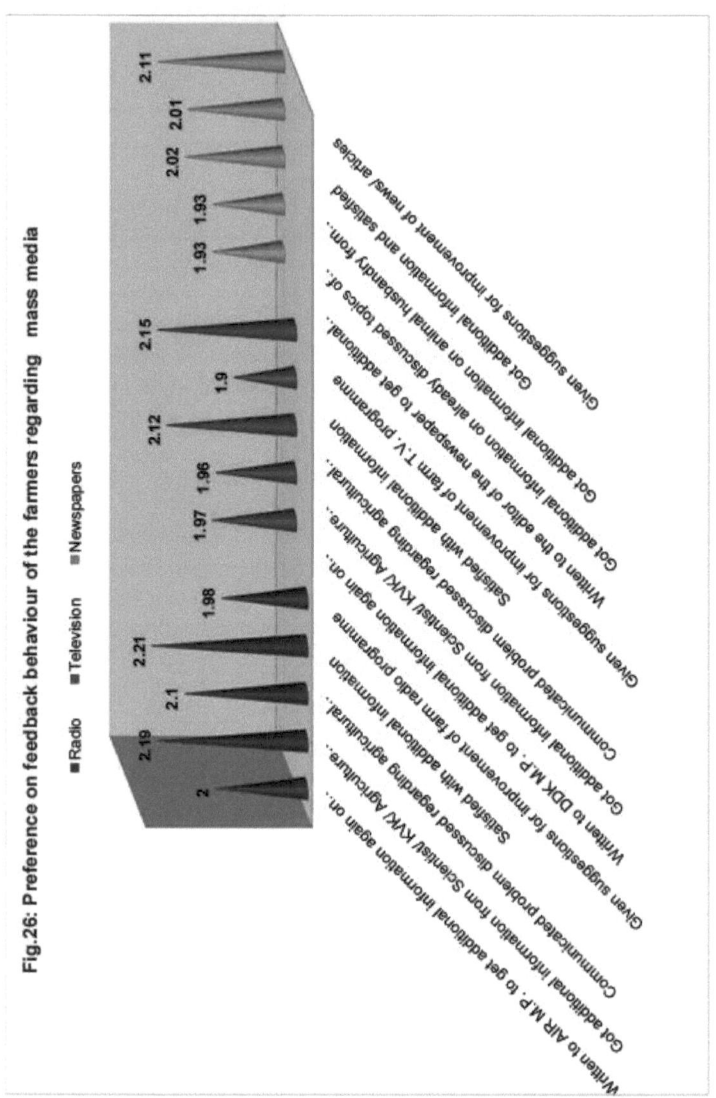

Quadro 4.26: Preferência dos agricultores sobre o comportamento de feedback relativamente a

meios de comunicação social   (n=240)

Parâmetros/ Aspectos	Média	Classificação
Reacções dos agricultores através da rádio		
Escreveu à AIR M.P. para obter novamente informações adicionais sobre o tema transmitido	2.00	IV
Obteve informações adicionais junto do cientista/ KVK/ Departamento de Agricultura	2.19	II
Comunicar aos médicos veterinários os problemas discutidos no domínio da agricultura e da criação de animais	2.10	III
Satisfeito com informações adicionais	2.21	I
Sugestões para melhorar o programa de rádio agrícola	1.98	V
Reacções dos agricultores através da televisão		
Escreveu ao DDK M.P. para obter novamente informações adicionais sobre o tema transmitido	1.97	III
Obteve informações adicionais junto do cientista/ KVK/ Departamento de Agricultura	1.96	IV
Comunicar aos médicos veterinários os problemas discutidos no domínio da agricultura e da criação de animais	2.12	II
Satisfeito com informações adicionais	1.90	V
Sugestões para melhorar o programa de televisão agrícola	2.15	I
Reacções dos agricultores através dos jornais		
Escrever ao editor do jornal para obter novamente informações adicionais sobre o tema impresso	1.93	V
Obteve informações adicionais sobre tópicos já discutidos de artigos sobre agricultura e notícias do KVK/ departamento de agricultura	1.93	IV
Obteve informações adicionais sobre a criação de animais junto de médicos veterinários	2.02	II
Obteve informações adicionais e ficou satisfeito	2.01	III
Dar sugestões para melhorar as notícias/artigos	2.11	I

4.5. Relação entre as características pessoais, sócio-psicológicas e de comunicação dos agricultores e a sua atitude em relação aos meios de comunicação social e ao comportamento de utilização dos mesmos

4.5.1. Relação entre as características pessoais, sócio-psicológicas e de comunicação dos agricultores e a sua atitude em relação aos meios de comunicação social

Os valores do coeficiente de correlação das características pessoais, sócio-psicológicas e de comunicação dos agricultores com a sua atitude em relação aos meios de comunicação de massas são apresentados no Quadro 4.27. Pode observar-se que os coeficientes de correlação relativos ao estatuto socioeconómico (0,229), à orientação científica (0,174) e aos contactos com a agência de extensão (0,225) foram considerados positivamente significativos ao nível de probabilidade de

0,01, enquanto a educação (0,164) e a participação social (0.130) foram considerados positivamente significativos e a idade (-0,131) foi considerada negativamente significativa a um nível de probabilidade de 0,05 com a sua atitude em relação aos meios de comunicação social, ao passo que a participação na extensão (0,121), o cosmopolitismo (0,023), a inovação (0,111) e a exposição aos meios de comunicação social (0,082) não apresentaram uma relação significativa.

Quadro 4.27: Relação entre os factores pessoais, sócio-psicológicos e características de comunicação dos agricultores e sua atitude em relação aos meios de comunicação social   (n=240)

Características	Coeficiente de correlação
Variáveis pessoais	
Idade (x_i)	$-0.131*$
Educação (x_2)	$0.164*$
Estatuto socioeconómico (x_3)	$_{xx}0,229$
Participação na extensão (x_4)	$0,121NS$
Variáveis sócio-psicológicas	
Participação social (x_5)	$0.130*$
Cosmopolitismo (x_6)	$0,023NS$
Orientação científica (x_7)	$_{xx}$ 0.174
Capacidade de inovação (x_8)	0.111^{NS}
Variáveis de comunicação	
Exposição aos meios de comunicação social (x_9)	$0,082NS$
Contacto com a agência de extensão (x_{10})	■ ^{XX} 0.225

NS
^{NS} Não significativo, **Significativo ao nível de 1% de probabilidade, *Significativo ao nível de 5% de probabilidade

4.5.2. Relação entre as características pessoais, sócio-psicológicas e de comunicação dos agricultores e o seu comportamento de utilização dos meios de comunicação social

Os valores do coeficiente de correlação das características pessoais, sócio-psicológicas e de comunicação dos agricultores com o seu comportamento de utilização dos meios de comunicação social são apresentados no Quadro 4.28. Pode observar-se que o coeficiente de correlação relativo à orientação científica (0,157) foi considerado positivamente significativo ao nível de probabilidade de 0,05 com o seu comportamento de utilização dos meios de comunicação social. Por outro lado, a idade (0,096), a educação (0,121), o estatuto socioeconómico (0,092), a participação na extensão (0,101), a participação social (0,067), a cosmopolitismo (-0,001), a capacidade de inovação (0,051), a exposição aos meios de comunicação social (0,050) e os contactos com a agência de extensão (0,096) não apresentaram uma relação significativa.

Tabela 4.28: Relação entre os factores pessoais, sócio-psicológicos e características de comunicação dos agricultores e o seu comportamento de utilização dos meios de comunicação social   (n=240)

Características	Coeficiente de correlação

Variáveis pessoais	
Idade (x1)	0.096^{NS}
Educação (x2)	0.121^{NS}
Estatuto socioeconómico (x3)	0.092^{NS}
Participação na extensão (x4)	0.101^{NS}
Variáveis sócio-psicológicas	
Participação social (x5)	0.067^{NS}
Cosmopolitismo (x6)	-0.001^{NS}
Orientação científica (x7)	0.157^{*}
Capacidade de inovação (x8)	0.051^{NS}
Variáveis de comunicação	
Exposição aos meios de comunicação social (x9)	0.050^{NS}
Contacto com a agência de extensão (x10)	0.096^{NS}

^{NS} Não significativo, **Significativo ao nível de 1% de probabilidade, *Significativo ao nível de 5% de probabilidade

4.6. Constrangimentos sentidos pelos agricultores na utilização dos diferentes meios de comunicação social

Foi pedido aos agricultores que exprimissem os constrangimentos que sentem na utilização dos meios de comunicação social. Os principais constrangimentos sentidos pelos agricultores são apresentados no quadro 4.29, por ordem de classificação.

Os agricultores exprimiram os seus pontos de vista com base na rádio que ouviram nos meios de comunicação social. A "carga pesada de trabalho durante as horas de emissão" foi classificada em primeiro lugar como um constrangimento pelo máximo (90%) dos agricultores, seguida da "utilização de palavras técnicas" (57,08%), da "velocidade muito rápida de apresentação do programa" (51,66%), da "falta de um programa baseado no terreno" (35,83%), da "informação útil não é oportuna" (29,58%), da "falta de programas verdadeiramente orientados para os problemas" (12,58%) e da "falta de programas verdadeiramente orientados para os problemas" (12,58%).83%), "A informação útil não é oportuna" (29,58%), "Falta de programas verdadeiramente orientados para os problemas" (12,50%) e "Os programas foram transmitidos apenas uma vez e, por isso, os agricultores não puderam acompanhar muito" (7,91%) em relação à rádio.

As constraints by 89.16 per cent of the farmers "Non-participation of farmers in problem discussion" was ranked first, followed by "Subject matter of the program does not conform to the needs of the farmers" (55 per cent), "Non-availability of recommended inputs in the market" (43.33 per cent), "Lack of programmes relating to agriculture in the local language" (40.41%), "Problema de eletricidade" (37,50%), "O analfabetismo cria problemas na compreensão da nova informação" (37,08%), "Custo elevado dos aparelhos" (23,33%), "Utilização de termos técnicos difíceis" (9,58%) e "O horário dos programas de televisão não é adequado para os agricultores" (9,16%) no que se refere à televisão.

As constraints by 92.08 per cent of the farmers "Difficult words" was ranked first, followed by "Illiteracy is the most important problem" (59.16 per cent), "Lack of fieldbased news" (46.66 per cent), "Lack of problem-oriented news" (42.91%), "As notícias são apresentadas em colunas curtas e não em pormenor" (40,41%), "Menor utilização de notícias orientadas para os resultados" (36,25%), "Os jornais não chegam a tempo" (24,16%) e "São dadas informações desnecessárias" (8,75%) relativamente aos jornais.

Quadro 4.29: Constrangimentos sentidos pelos agricultores na utilização de diferentes massas

media (n =240)

Restrições	f	%	Classificação
Constrangimentos sentidos pelos agricultores na audição (Rádio)			
Falta de um programa no terreno	86	35.83	IV
A informação útil não é oportuna	71	29.58	V
Velocidade muito rápida de apresentação do programa	124	51.66	III
Os programas foram transmitidos apenas uma vez, pelo que os agricultores não puderam acompanhar muito	19	07.91	VII
Carga pesada de trabalho durante as horas de transmissão da exploração agrícola	216	90.00	I
Falta de verdadeiros programas orientados para os problemas	30	12.50	VI
Utilização de palavras técnicas	137	57.08	II
Constrangimentos sentidos pelos agricultores no visionamento (Televisão)			
Não participação dos agricultores na discussão dos problemas	214	89.16	I
O tema do programa não está em conformidade com as necessidades dos agricultores	132	55.00	II
Não disponibilidade de insumos recomendados no mercado	104	43.33	III
Falta de programas relacionados com a agricultura na língua local	97	40.41	IV
Utilização de termos técnicos difíceis	23	09.58	VIII
Custo elevado dos dispositivos	56	23.33	VII
O horário dos programas de televisão não é adequado para os agricultores	22	09.16	IX
A iliteracia cria problemas na compreensão da nova informação	89	37.08	VI
Problema de eletricidade	90	37.50	V
Constrangimentos sentidos pelos agricultores na leitura (Jornais)			
Falta de notícias orientadas para os problemas	103	42.91	IV
Falta de notícias no terreno	112	46.66	III
Menor utilização de notícias orientadas para os resultados	87	36.25	VI
Os jornais não chegam a tempo	58	24.16	VII
O analfabetismo é o problema mais importante	142	59.16	II
As notícias são apresentadas em colunas curtas e não em	97	40.41	V

pormenor			
São dadas informações desnecessárias	21	08.75	VIII
Palavras difíceis	221	92.08	I

f= frequência, %= percentagem

4.7. Sugestões dos agricultores para ultrapassar os constrangimentos enfrentados na utilização dos diferentes meios de comunicação social

Foram solicitadas sugestões aos agricultores para melhorar a utilização e a aplicabilidade da adoção de tecnologias agrícolas e afins através dos meios de comunicação social. Os agricultores obtiveram uma extensa lista de sugestões. De entre elas, as sugestões mais importantes são apresentadas no Quadro 4.30. "Usar uma linguagem simples" foi a primeira sugestão da maioria (60,41%) dos agricultores, seguida de outras sugestões importantes, como "Fornecer informação útil atempadamente" (51,25%), "Mudar a hora da emissão" (37,50%) e "Aumentar a duração da emissão" (14,58%) no que respeita à rádio.

Como sugerido por 57,91% dos agricultores, "Mudar o horário da transmissão" foi classificado em primeiro lugar, seguido por "Usar a língua local" (53,33%), "Histórias de sucesso de agricultores progressistas" (46,66%), "Apresentar informações na forma de demonstração" (45,41%), "Usar recursos visuais durante a transmissão" (39,58%), "Fornecer informações oportunas" (38,75%) e "Aumentar a duração da transmissão" (27,50%) em relação à televisão.

As suggested by 61.25 per cent of the farmers "Information should be given in the easy language" was ranked first, followed by other important suggestions like "Story of experienced farmers should be published in the newspaper" (55 per cent), "Information should be practicable" (53.75 per cent), "Letters must be bold sufficient" (52.08 per cent), "Too many statistics should be avoided" (47.08 por cento), "É dada mais ênfase ao maneio dos animais" (43,33 por cento), "Mais informação sobre o sistema de agricultura integrada" (42,08 por cento), "Mais ênfase na transformação de frutas e legumes" (40,83 por cento), "A capa deve ser mais atractiva" (27,08 por cento) e "Aumentar o número de anúncios agrícolas" (25,41 por cento) no que diz respeito aos jornais.

Quadro 4.30: Sugestões dos agricultores para ultrapassar os constrangimentos enfrentados na utilização dos diferentes meios de comunicação social   (n=240)

Sugestões	f	%	Ran k
Sugestões dos agricultores para ultrapassar as emissões			
Fornecer informações úteis em tempo útil	123	51.25	II
Alterar o tempo de emissão	90	37.50	III
Utilizar uma linguagem simples	145	60.41	I
Aumentar a duração da emissão	35	14.58	IV
Sugestões dos agricultores para ultrapassar a teledifusão			
Alterar o horário da transmissão	139	57.91	I
Utilizar a língua local	128	53.33	II
Fornecer informações atempadas	93	38.75	VI
Utilizar o visual durante a transmissão	95	39.58	V
Apresentar as informações sob a forma de demonstração	109	45.41	IV

	f	%	
Aumentar a duração da transmissão	66	27.50	VII
Histórias de sucesso de agricultores progressistas	112	46.66	III
Sugestões dos agricultores para ultrapassar os jornais			
As informações devem ser dadas numa linguagem simples	147	61.25	I
As letras devem ser suficientemente ousadas	125	52.08	IV
As informações devem ser exequíveis	129	53.75	III
Deve evitar-se o excesso de estatísticas	113	47.08	V
Aumentar o número de anúncios baseados na agricultura	61	25.41	X
A história de agricultores experientes deve ser publicada no jornal	132	55.00	II
É dada maior ênfase à gestão do gado	104	43.33	VI
Mais informações sobre o sistema de agricultura integrada	101	42.08	VII
Maior ênfase na transformação de frutas e produtos hortícolas	98	40.83	VIII
A página de rosto deve ser mais atractiva	65	27.08	IX

f= frequência, %=percentagem

Capítulo - V

DISCUSSÃO

O capítulo anterior discutiu os resultados do presente estudo sobre o comportamento dos agricultores na utilização dos meios de comunicação social na região agro-climática de Nimar, em Madhya Pradesh. Este capítulo aborda todas as razões e explicações possíveis para compreender os fenómenos observados, com a ajuda dos resultados dos estudos de investigação realizados anteriormente neste domínio, explicações no terreno e informações recolhidas de outras fontes.

O capítulo está organizado nos seguintes subtítulos para facilitar a compreensão dos resultados.

5.1 Características pessoais, sócio-psicológicas e de comunicação dos agricultores

5.2 Medição da atitude dos agricultores em relação a diferentes tipos de meios de comunicação social

5.3 Padrão de utilização de diferentes tipos de meios de comunicação social entre os agricultores

5.4 Preferências dos agricultores em relação aos meios de comunicação social

5.5 Relação entre as características pessoais, sócio-psicológicas e de comunicação dos agricultores e a sua atitude em relação aos meios de comunicação social e ao comportamento de utilização dos mesmos

5.6 Constrangimentos sentidos pelos agricultores na utilização dos diferentes meios de comunicação social

5.7 Sugestões dos agricultores para ultrapassar os constrangimentos enfrentados na utilização dos diferentes meios de comunicação social

5.1. Características pessoais, sócio-psicológicas e de comunicação dos agricultores

5.1.1 Idade:

A informação relativa à idade dos inquiridos foi resumida no Quadro 4.1 e representada na Fig. 3, revelando que mais de metade dos agricultores pertenciam ao grupo etário médio a velho, enquanto muito poucos pertenciam ao grupo etário jovem. Isto pode dever-se ao facto de os agricultores de meia-idade e de idade avançada serem geralmente mais experientes na agricultura do que os jovens agricultores, pelo que tentam procurar tecnologias inovadoras para melhorar as suas práticas agrícolas, o que pode poupar tempo e facilitar a sua atividade. Estão ansiosos por conhecer informações novas e adicionais para explorar as competências que já adquiriram através da experiência agrícola para melhorar a sua vida familiar. As principais conclusões estão relacionadas com Chahal (1992), Kukrety e Singh (1994), Bhagwat *et al.* (2010), Jhajharia (2012) e Chaitra *et al.* (2019).

5.1.2 Educação:

As informações relativas à educação dos inquiridos foram resumidas no Quadro 4.1 e representadas na Fig. 4, que indica que a percentagem máxima de agricultores com educação até ao ensino secundário e superior, enquanto muito poucos agricultores eram analfabetos. Este facto pode dever-se à existência de estabelecimentos de ensino superior na aldeia ou perto das aldeias. Além disso, a condição socioeconómica média a média-alta da família dos agricultores pode ter permitido que estes frequentassem o ensino superior. As conclusões do estudo são semelhantes às de Venkataramaiah e Sethurao (1983), Chahal (1992), Kukrety e Singh (1994) e Bhagwat *et al.* (2010).

5.1.3 Estatuto socioeconómico:

Os dados apresentados no Quadro 4.1 e representados na Fig. 5 mostram que a percentagem máxima de agricultores se situa num estatuto socioeconómico médio ou médio superior, enquanto muito poucos agricultores se situam num estatuto socioeconómico inferior. As razões prováveis para o estatuto socioeconómico do agricultor podem dever-se à condição económica média dos agricultores. Além disso, as facilidades de escolarização disponíveis nas proximidades das aldeias podem ser a outra razão. As conclusões do estudo são semelhantes às de Venkataramaiah e Sethurao (1983), Kukrety e Singh (1994) e Bhagwat *et al.* (2010).

5.1.4 Participação na extensão:

A participação na extensão ajuda os agricultores a interagir com os cientistas, SMSs e extensionistas, etc. permite-lhes utilizar as práticas em ambiente natural e ajuda-os a aprender novas competências através de demonstrações, formações, exposições e outras actividades de extensão. Os dados apresentados no Quadro 4.1 e representados na Fig. 6 indicam que a maioria dos agricultores tem uma participação média a alta na extensão, enquanto muito poucos agricultores têm uma participação baixa na extensão. A razão provável para esta situação pode dever-se ao facto de a maioria dos agricultores ter um nível de instrução elevado e um contacto médio com a agência de extensão.

5.1.5 Participação social:

A participação social coloca um indivíduo em contacto estreito com outros membros da sociedade através de organizações sociais. A participação social dos inquiridos em organizações sociais locais é um fator importante. Assim, a participação social dos inquiridos foi estudada e os dados apresentados no Quadro 4.2 e representados na Fig. 7 indicam que a percentagem máxima de agricultores tinha um nível médio a elevado de participação social, enquanto uma pequena percentagem de agricultores tinha um nível baixo de participação social. A possível razão pela qual a percentagem máxima de agricultores tinha um nível médio de participação social pode ter sido a compreensão da importância da organização social como uma fonte importante de partilha de informações úteis ou de insumos para a agricultura. Esta constatação encontra apoio no trabalho de Chahal (1992), Sodhi e Sangha (1992), Singh (2002) e Bhagwat *et al.* (2010).

5.1.6 Cosmopolitismo:

Os dados apresentados no Quadro 4.2 e representados na Fig. 8 revelam que a percentagem máxima de agricultores se situa entre o nível de quarteirão e o nível distrital, enquanto uma pequena percentagem de agricultores se situa no nível estatal de cosmopolitismo. A razão pode dever-se ao facto de a maioria dos agricultores pertencer a aldeias próximas de zonas urbanas, podendo visitar as cidades vizinhas por várias razões, como entretenimento, satisfação religiosa, obtenção de informações e compra de factores de produção, etc., pelo que os agricultores tinham cosmopolitismo a nível de quarteirão a distrito. Esta constatação encontra apoio no trabalho de Chahal (1992), Bhagwat *et al.* (2010) e Chaitra *et al.* (2019).

5.1.7 Orientação científica:

Os dados apresentados no Quadro 4.2 e representados na Fig. 9 revelam que a percentagem máxima de agricultores tinha uma orientação científica média a elevada, enquanto uma percentagem muito pequena de agricultores tinha uma orientação científica baixa. A razão provável para esta situação pode dever-se ao facto de os agricultores com um nível médio a elevado de positivismo relativamente à utilização de tecnologias novas e cientificamente aprovadas, orientadas para a produção elevada, estarem mais envolvidos na gestão e adoção de comportamentos de utilização dos meios de comunicação social. Uma vez que o comportamento de utilização dos meios de comunicação social é um exercício em que é necessário adotar métodos modernos de cultivo, é natural que os agricultores com uma mentalidade média a altamente favorável aos métodos científicos tentem envolver-se mais nesse processo. Esta constatação encontra apoio no trabalho de Supe e Singh (1969).

5.1.8 Inovação:

No que diz respeito à capacidade de inovação dos agricultores, os dados apresentados no quadro 4.2 e representados na figura 10 indicam que mais de metade dos agricultores apresenta um nível médio a elevado de capacidade de inovação, enquanto uma percentagem muito pequena de agricultores apresenta um nível baixo de capacidade de inovação. A razão para o nível médio a elevado de capacidade de inovação dos agricultores prende-se com o facto de a maioria deles ter estado exposta em vários meios de comunicação social e ter tido bons contactos na sociedade com várias instituições. É óbvio que o indivíduo que teve mais exposição em diferentes dimensões da sua vida, a sua ideologia, a sua capacidade de inovação e as suas competências são comparativamente melhores. Devido a todos estes factores, os agricultores da área de estudo têm um nível médio a elevado de capacidade de inovação. Esta descoberta encontra apoio com o trabalho de Chaitra *et al.* (2019).

5.1.9 Exposição aos meios de comunicação social:

Os dados do Quadro 4.3.2 e da Fig. 11 mostram que a percentagem máxima de agricultores expostos aos meios de comunicação social é média a elevada. Tal pode dever-se ao facto de a penetração da Internet, do telefone inteligente e do DTH estar ainda numa fase inicial nas zonas rurais. Também utilizavam a Internet regularmente porque, atualmente, a Internet faz parte da vida de todos os homens comuns. A sensibilização para a importância dos meios de comunicação social agrícola no aumento da informação agrícola útil entre a percentagem máxima de utilizadores dos meios de comunicação social, bem como o impacto positivo demonstrado pelos meios de comunicação social através de formas apelativas de apresentação das mensagens. Esta constatação encontra apoio nos trabalhos de Singh *et al.* (1998), Manwar (2005), Dhayarkar (2007) e Bhagwat *et al.* (2010).

5.1.10 Contacto com a agência de extensão:

Os dados apresentados no Quadro 4.4.2 e na Figura 12 indicam que a percentagem máxima de agricultores que expressaram um nível médio a elevado de contactos com a agência de extensão. A razão para os contactos médios com a agência de extensão pode ser o facto de os agricultores dependerem da obtenção de informações correctas sobre a disponibilidade de insumos e outras informações agrícolas relevantes, pelo que precisam do apoio do pessoal do departamento para obter os benefícios acima referidos. Esta pode ser a razão pela qual os agricultores se enquadram na categoria de contactos médios com a agência de extensão. Esta constatação encontra apoio no trabalho de Chahal (1992) e Chaitra *et al.* (2019).

5.2. Medição da atitude dos agricultores em relação a diferentes tipos de meios de comunicação social

Atitude dos agricultores em relação à rádio, à televisão e aos jornais

A atitude em relação aos meios de comunicação social foi dividida em três aspectos: rádio, televisão e jornais, respetivamente. De acordo com o Quadro 4.8 e representado nas Figuras 16, 17 e 18, a atitude dos agricultores em relação à rádio (51,66%) foi fortemente favorável ou favorável em relação aos programas de rádio agrícolas. Para resumir os resultados, pode afirmar-se que a esmagadora maioria (91,24%) dos agricultores teve uma atitude fortemente favorável a favorável em relação aos programas radiofónicos agrícolas. Os agricultores beneficiaram de um aumento do rendimento e de oportunidades de comercialização ao acederem a informações de comercialização dos programas de rádio, o que pode ter desempenhado um papel importante na construção de uma atitude fortemente favorável a favorável em relação aos programas de rádio. Esta constatação é corroborada pelos trabalhos de Chahal (1992), Kubde *et al.* (1992), Shareef-Ud-Din (1994) e Mishra (2003).

No caso da televisão, a maioria (52,92%) dos agricultores tinha uma atitude fortemente favorável a favorável em relação aos programas televisivos agrícolas. Para sintetizar os resultados, pode afirmar-se que a esmagadora maioria (91,67%) dos agricultores tinha uma atitude fortemente favorável a favorável em relação à televisão. A razão para tal pode ser o facto de a televisão ser um meio de comunicação tão interessante que fornece informações através de formas áudio e visuais e de os agricultores conhecerem os benefícios da transmissão televisiva agrícola para o seu rendimento e obterem mais lucros, criando uma atitude fortemente favorável a favorável em relação aos programas de televisão. Esta conclusão encontra apoio nos trabalhos de Chahal (1992), Meenakshisundram e Vijayraghavan (1997) e Mishra (2003).

No caso dos jornais, o máximo (48,75 por cento) dos agricultores teve uma atitude fortemente favorável a favorável em relação aos programas de jornais agrícolas. Para sintetizar os resultados, pode afirmar-se que a esmagadora maioria (87,08%) dos agricultores teve uma atitude fortemente favorável a favorável em relação aos jornais agrícolas. Isto pode dever-se ao facto de os agricultores obterem a informação relevante em formato impresso, que pode ser guardada para referência futura.

Atitude geral dos agricultores em relação aos meios de comunicação social

Os dados do Quadro 4.9 e apresentados na Figura 19 revelam que a maioria (51,25%) dos agricultores tem uma atitude global fortemente favorável a favorável em relação aos meios de comunicação social. Para resumir os resultados, pode afirmar-se que a esmagadora maioria (90%) dos agricultores tinha uma atitude global fortemente favorável a favorável em relação aos meios de comunicação social. A experiência dos enormes benefícios dos meios de comunicação social em termos de produção de qualidade, produtividade, poupança de recursos e pronta referência para uso futuro pode ter desempenhado um papel importante na construção de uma atitude global fortemente favorável a favorável em relação aos meios de comunicação social.

5.3. Padrão de utilização de diferentes tipos de meios de comunicação social entre os agricultores

I. Nível de audição/ visionamento/ leitura dos meios de comunicação social entre os agricultores

Os dados apresentados no Quadro 4.18 e representados na Fig. 20 indicam que a percentagem máxima de agricultores tem um elevado nível de audição/visualização/leitura dos meios de comunicação social em relação à rádio, à televisão e aos jornais. A percentagem máxima (48,75%) dos agricultores que ouvem rádio tem um elevado nível de audição dos meios de comunicação social. Enquanto 26,65% dos agricultores ouvintes de rádio tinham um nível baixo e 25% dos agricultores ouvintes de rádio tinham um nível médio de comportamento de escuta dos meios de comunicação social. Esta constatação é corroborada pelos trabalhos de Mishra (2003), Irfan *et al.* (2006), Sharvan *et al.* (2009), Talwar *et al.* (2012), Jhajharia (2012) e Garg (2014).

A maioria (50,83%) dos agricultores que assistiam à televisão tinha um nível elevado de comportamento em relação aos meios de comunicação social. Por outro lado, 26,25% dos agricultores que assistem à televisão têm um nível médio e 22,92% dos agricultores que assistem à televisão têm um nível baixo de comportamento em relação aos meios de comunicação social. Esta constatação encontra apoio no trabalho de Chahal (1992), Mane e Shetay (1992), Ingole *et al.* (1993), Vashishtha *et al.* (2008) e Roy *et al.* (2010).

A maioria (43,75 por cento) dos utilizadores de jornais tinha um nível elevado de comportamento de leitura dos meios de comunicação social. Por outro lado, 31,25% dos utilizadores de jornais tinham um nível baixo e 25% dos utilizadores de jornais tinham um nível médio de comportamento de leitura dos meios de comunicação social. Esta conclusão encontra apoio no trabalho de Mishra (2003) e Gote (2009).

II. Nível de perceção da utilidade dos meios de comunicação social entre os agricultores

Os dados apresentados no Quadro 4.20 e representados na Fig. 21 indicam que a maioria dos agricultores tem um nível elevado ou médio de perceção da utilidade dos meios de comunicação social em relação à rádio, à televisão e aos jornais. A maioria (60,83%) dos agricultores ouvintes de rádio tinha um nível elevado de comportamento de perceção da utilidade dos meios de comunicação social. Por outro lado, 20,83% dos agricultores que ouviam rádio tinham um nível médio e 18,34% dos agricultores que ouviam rádio tinham um nível baixo de comportamento de perceção da utilidade dos meios de comunicação social.

A maioria (74,58%) dos agricultores que viam televisão tinha um nível elevado de perceção da utilidade dos meios de comunicação social. Por outro lado, 18,76% dos agricultores que viam televisão tinham um nível médio e 6,66% dos agricultores que viam televisão tinham um nível baixo de comportamento de perceção da utilidade dos meios de comunicação social.

A maioria (62,50 por cento) dos utilizadores de jornais tinha um nível elevado de comportamento de perceção da utilidade dos meios de comunicação social. Por outro lado, 28,34% dos utilizadores de jornais tinham um nível médio e 9,16% dos utilizadores de jornais tinham um nível baixo de comportamento de perceção da utilidade dos meios de comunicação social, respetivamente. Esta conclusão é corroborada pelos trabalhos de Lekule (2000), Dabhade (2001), Naganikar (2005) e Patil (2007).

III. Nível de reação dos agricultores aos meios de comunicação social

Os dados apresentados no Quadro 4.22 e representados na Fig. 22 indicam que a percentagem máxima de agricultores que têm um comportamento de feedback de nível médio a elevado em relação à rádio, à televisão e aos jornais. *O máximo (44,58%)* dos agricultores que ouviam rádio tinha um nível médio de comportamento de feedback. Por outro lado, 32% dos agricultores que ouviam rádio tinham um nível elevado e 22,92% dos agricultores que ouviam rádio tinham um nível baixo de comportamento de feedback.

A maioria (48,34%) dos agricultores que vêem televisão tem um nível médio de comportamento de feedback. Por outro lado, 27,08% dos agricultores que viam televisão tinham um nível elevado e 24,58% dos agricultores que viam televisão tinham um nível baixo de comportamento de feedback.

A maioria (42,50%) dos utilizadores do jornal tinha um nível médio de comportamento de feedback. Por outro lado, 28,75% dos utilizadores do jornal tinham um nível baixo e 28,75% dos utilizadores do jornal tinham um nível elevado de comportamento de feedback.

Por conseguinte, conclui-se dos resultados que a maioria dos ouvintes de rádio, dos telespectadores e dos leitores de jornais tinha um nível médio de comportamento de feedback. Chahal (1992) e Shareef-Ud-din (1994) também apresentaram resultados semelhantes.

Comportamento de utilização dos meios de comunicação social

Os dados apresentados no Quadro 4.23 e representados na Fig. 23 indicam que, do total de inquiridos, a percentagem máxima de agricultores tinha um comportamento de utilização dos meios de comunicação social elevado a médio. É evidente que a percentagem máxima de agricultores, isto é, 47,92%, indicou um comportamento de utilização elevada dos meios de comunicação social, seguido de 30,83% de comportamento de utilização média e 21,25% de comportamento de utilização *baixa dos* meios de comunicação social. Esta constatação encontra apoio nos trabalhos de Patel *et al.* (1993), Gunawardana (2005), Yadav e Khan (2005) e Sakthivel *et al.* (2012).

5.4. Preferências dos agricultores em relação aos meios de comunicação social

I. Preferência pelo comportamento de audição/ visionamento/ leitura dos meios de comunicação social

Entre os parâmetros escolhidos para o comportamento de audição/visualização/leitura da rádio, da televisão e dos jornais dos meios de comunicação social, a maioria do comportamento de audição da rádio é "Discussão sobre os conteúdos", seguido de "Disponibilidade dos meios de comunicação social", "Horário", "Objetivo de compra", "Duração do programa", "Com quem acompanhar as pessoas", "Método de retenção de conteúdos" e "Motivação para a compra"

A maioria dos comportamentos de visionamento da televisão é "Discussão sobre os conteúdos", seguida de "Disponibilidade dos meios de comunicação social", "Horário", "Objetivo de compra", "Duração do programa", "Com quem acompanhar as pessoas", "Método de retenção de conteúdos" e "Motivação para a compra".

O comportamento de leitura dos jornais é maioritariamente "Discussão sobre os conteúdos", seguido de "Disponibilidade dos meios de comunicação social", "Objetivo da compra", "Horário", "Com quem acompanha as pessoas", "Duração do programa", "Método de retenção dos conteúdos" e "Motivação para a compra". As conclusões do estudo são semelhantes às de Kukrety e Singh (1994) e Mishra (2003).

II. Preferência pelo comportamento de perceção de utilidade dos meios de comunicação social

Entre os parâmetros escolhidos para o comportamento de perceção de utilidade da rádio, da televisão e dos jornais dos meios de comunicação social, a maioria do comportamento de perceção de utilidade da rádio é a "Clareza", seguida da "Inspiração", da "Viabilidade", do "Assunto tratado", da "Inovação", da "Simplicidade", da "Atualidade", da "Compreensibilidade", da "Fiabilidade" e da "Ilustratividade".

A maioria dos comportamentos de perceção de utilidade da televisão é "Ilustratividade", seguida de "Inspiração", "Simplicidade", "Compreensibilidade", "Atualidade", "Clareza", "Assunto abordado", "Inovação", "Viabilidade" e "Fiabilidade".

A maioria dos comportamentos de perceção de utilidade dos jornais é "Ilustratividade", seguida de "Inovação", "Assunto abordado", "Atualidade", "Simplicidade", "Inspiração", "Clareza", "Fiabilidade", "Viabilidade" e "Compreensibilidade".

III. Preferência sobre o comportamento de feedback dos agricultores relativamente aos meios de comunicação social

Entre os parâmetros escolhidos para determinar o comportamento de feedback da rádio, da televisão e dos jornais dos meios de comunicação social, a maioria dos comportamentos de feedback da rádio foi "Satisfeito com a informação adicional", seguido de "Obteve informação adicional de um cientista/KVK/Departamento de Agricultura", "Comunicou aos médicos veterinários o problema discutido relativamente à agricultura e à criação de animais", "Escreveu à AIR M.P. para obter novamente informação adicional sobre o tópico transmitido" e "Deu sugestões para melhorar o programa de rádio agrícola".

A maioria dos comentários sobre o comportamento da televisão foi no sentido de "Dar sugestões para melhorar o programa de televisão agrícola", seguido de "Comunicar aos médicos veterinários os problemas discutidos em matéria de agricultura e pecuária", "Escrever ao DDK M.P. para obter novamente informações adicionais sobre o tema transmitido", "Obter informações adicionais de cientistas/ KVK/ Departamento de Agricultura" e "Satisfeito com as informações adicionais".

A maioria dos comentários sobre o comportamento dos jornais foi no sentido de "Dar sugestões para melhorar as notícias/artigos", seguido de "Obter informações adicionais sobre a criação de animais por parte dos médicos veterinários", "Obter informações adicionais e ficar satisfeito", "Obter informações adicionais sobre tópicos já discutidos em artigos sobre agricultura e notícias do KVK/Departamento de Agricultura" e "Escrever ao editor do jornal para obter novamente informações adicionais sobre o tópico impresso".

5.5. Relação entre as características pessoais, sócio-psicológicas e de comunicação dos agricultores e a sua atitude em relação aos meios de comunicação social e ao comportamento de utilização dos mesmos

Os valores do coeficiente de correlação entre as características pessoais, sócio-psicológicas e de comunicação dos agricultores e a sua atitude em relação aos meios de comunicação social e ao comportamento de utilização dos meios de comunicação social são apresentados nos Quadros 4.27 e 4.28. Pode observar-se que os coeficientes de correlação relativos ao estatuto socioeconómico, à orientação científica e aos contactos com a agência de extensão foram considerados positivamente significativos a um nível de probabilidade de 0,01, enquanto a educação e a participação social foram consideradas positivamente significativas e a idade foi considerada negativamente significativa a um nível de probabilidade de 0,05 com a sua atitude em relação aos meios de comunicação social, enquanto a participação na extensão, a cosmopolitismo, a inovação e a exposição aos meios de comunicação social foram consideradas relações não significativas. Esta conclusão é corroborada pelos trabalhos de Hazarika e Tyagi (2001), Pareek (2001), Awasthi *et al.* (2002) e Saini (2005).

Pode observar-se que os coeficientes de correlação relativos à orientação científica foram considerados positivamente significativos a um nível de probabilidade de 0,05 com o seu comportamento de utilização dos meios de comunicação social, ao passo que a idade, a educação, o estatuto socioeconómico, a participação na extensão, a participação social, a cosmopolitismo, a inovação, a exposição aos meios de comunicação social e os contactos com a agência de extensão não apresentaram uma relação significativa. As conclusões do estudo são semelhantes às de Raghuprasad *et al.* (2012).

5.6. Limitações sentidas pelos agricultores na utilização dos diferentes meios de comunicação social

A maioria (90 por cento) dos agricultores expressou o constrangimento de que "Carga pesada de trabalho durante as horas de emissão da exploração agrícola", seguido de "Uso de palavras técnicas", "Velocidade muito rápida de apresentação do programa", "Falta de um programa baseado no campo", "A informação útil não é oportuna", "Falta de programas realmente orientados para os problemas" e "Os programas foram transmitidos apenas uma vez e por isso os agricultores não puderam seguir muito" em relação à rádio. As conclusões do estudo são semelhantes às de Agwu *et al.* (2008) e Akinola *et al.* (2010).

A maioria (89,16%) dos agricultores revelou o constrangimento "Não participação dos agricultores na discussão dos problemas", seguido de "O tema do programa não está de acordo com as necessidades dos agricultores", "Não disponibilidade de insumos recomendados no mercado", "Falta de programas relacionados com a agricultura na língua local", "Problema de eletricidade", "O analfabetismo cria problemas na compreensão da nova informação", "Custo elevado dos dispositivos", "Utilização de termos técnicos difíceis" e "O horário dos programas de televisão não é adequado para os agricultores" no que diz respeito à televisão. Esta constatação de Prunella e Ravichandran (2001), Vinkare (2002), Prasad *et al.* (2003) e Ani *et al.*

(2015) também apresenta uma tendência semelhante.

A maioria (92,08%) dos agricultores referiu como constrangimentos "palavras difíceis", seguidas de "o analfabetismo foi o problema mais importante", "falta de notícias de campo", "falta de notícias orientadas para os problemas", "as notícias eram em colunas curtas e não em pormenor", "menor utilização de notícias orientadas para os resultados", "os jornais não chegavam a tempo" e "é dada informação desnecessária" relativamente aos jornais. As conclusões do estudo são semelhantes às de Singh (2002) e Prasad *et al.* (2003).

5.7. Sugestões dos agricultores para ultrapassar os constrangimentos enfrentados na utilização dos diferentes meios de comunicação social

A maioria (60,41%) dos agricultores sugeriu que "Utilizar uma linguagem simples", enquanto que "Fornecer informações úteis atempadamente", "Alterar a hora de emissão" e "Aumentar a duração da emissão" em relação à rádio. As conclusões do estudo são semelhantes às de Bhosle *et al.* (2008), Malagar *et al.* (2011) e Garg *et al.* (2014).

A maioria (57,91%) dos agricultores revelou ter sugerido "Mudar a hora da emissão", enquanto que "Utilizar a língua local", "Histórias de sucesso de agricultores progressistas", "Apresentar informação sob a forma de demonstração", "Utilizar imagens durante a emissão", "Fornecer informação atempada" e "Aumentar a duração da emissão" em relação à televisão. As conclusões do estudo são semelhantes às de Bellurkar *et al.* (2000) e Mahadik *et al.* (2011).

A maioria (61,25%) dos agricultores sugeriu que "A informação deve ser dada numa linguagem fácil", enquanto que "A história de agricultores experientes deve ser publicada no jornal", "A informação deve ser praticável", "As letras devem ser suficientemente ousadas", "Devem ser evitadas demasiadas estatísticas", "Deve ser dada mais ênfase ao maneio do gado", "Mais informação sobre o sistema agrícola integrado", "Mais ênfase na transformação de frutas e legumes", "A capa deve ser mais atractiva" e "Aumentar o número de anúncios baseados na agricultura" no que diz respeito aos jornais. As conclusões do estudo são semelhantes às de Naganikar (2005).

Capítulo - VI

RESUMO, CONCLUSÃO E SUGESTÕES PARA TRABALHOS FUTUROS

6.1 Resumo:

No que respeita às ciências sociais, o processo de transmissão de símbolos com significado entre indivíduos é designado por comunicação. É apenas através da transmissão de significados de uma pessoa para outra que a informação e as ideias podem ser comunicadas. A informação tornou-se uma parte importante da nossa vida quotidiana. Atualmente, as pessoas querem informação suficiente e genuína o mais cedo possível. Os canais dos meios de comunicação social estão a satisfazer esta necessidade importante, ou seja, o desejo de informação. A comunicação na agricultura não serve apenas para notificar e sensibilizar os agricultores, mas também para executar novas ideias que alterem o método e os padrões da agricultura. Os meios de comunicação desempenham um papel vital na transferência de tecnologias agrícolas para os agricultores, minimizando o fosso entre a tecnologia e a sua utilização. Existem vários meios de comunicação de massas, como a televisão, filmes, diapositivos, rádio, literatura, documentários, dramas, exposições e visitas guiadas, etc. A divulgação de informação agrícola é precisamente um processo de comunicação de melhores competências, práticas, inovações, tecnologias e conhecimentos aos agricultores. Assim, a extensão agrícola constitui um grande pilar para a população rural, em especial para as famílias de agricultores, através de procedimentos educativos que promovem as suas técnicas de práticas agrícolas, aumentam a sua eficiência de produção e reforçam a economia, melhorando o seu nível de vida e elevando o nível social e educativo da vida rural.

Num país como a Índia, é difícil contactar todos os agricultores num período de tempo controlado e de forma eficaz para transferir tecnologia agrícola. A utilização dos meios de comunicação social é certamente a possibilidade mais eficaz de transmitir informações às pessoas. Através dos meios de comunicação social, é possível divulgar novas informações agrícolas, programas de extensão, regimes e políticas governamentais relacionados com o desenvolvimento agrícola e histórias de sucesso de agricultores, etc. Os meios de comunicação social são instrumentos extremamente poderosos que, se utilizados de forma adequada, podem provocar mudanças sociais profundas e progressos educativos. Dão um contributo significativo ao proporcionarem uma variedade de experiências de aprendizagem às populações rurais.

Os meios de comunicação social têm um efeito tremendo no domínio da agricultura. Acredita-se que os meios de comunicação social exigem uma participação mais ativa e criativa por parte dos aldeões. A utilização dos meios de comunicação social é mais vantajosa porque a informação fiável e científica sobre um tema específico, bem ilustrada com imagens, pode chegar a muitos utilizadores, rápida e simultaneamente, numa linguagem simples. Os leitores, ouvintes e telespectadores podem utilizar os meios de comunicação social nos seus tempos livres e podem guardá-los para futuras referências. A informação comunicada através dos meios de comunicação social está bem organizada e é facilmente compreensível. Para além disso, também tem valores de entretenimento. Para além da rotina, das notícias, os meios de comunicação social também fornecem elementos agradáveis, humorísticos e interessantes de vários tipos, que proporcionam aos agricultores um entretenimento ligeiro.

À luz destes factos, o presente estudo, intitulado "Comportamento dos agricultores na utilização dos meios de comunicação social na região agro-climática de Nimar, Madhya Pradesh", foi realizado com os seguintes objectivos específicos

Objectivos específicos

1. Estudar as características pessoais, sócio-psicológicas e de comunicação dos agricultores.

2. Medir a atitude dos agricultores em relação a diferentes tipos de meios de comunicação social.

3. Estudar o padrão de utilização de diferentes tipos de meios de comunicação social entre os agricultores.

4. Estudar as preferências dos agricultores em relação aos meios de comunicação social.

5. Estudar a relação entre as características pessoais, sócio-psicológicas e de comunicação dos agricultores e a sua atitude em relação aos meios de comunicação social e ao comportamento de utilização dos mesmos.

6. Descobrir as limitações sentidas pelos agricultores na utilização dos diferentes meios de comunicação social.

7. Procurar obter sugestões dos agricultores para ultrapassar os constrangimentos enfrentados na utilização dos diferentes meios de comunicação social.

O estudo foi efectuado na região agro-climática de Nimar, em Madhya Pradesh. Esta região cobre uma área de 11067 KM^2. Nimar é a região sudoeste do estado de Madhya Pradesh, no centro-oeste da Índia. A região é semi-árida, caracterizada por solos negros médios, precipitação de 300 a 800 mm/ano e temperaturas estivais elevadas de 113 graus Celsius. O distrito de Barwani é um dos distritos dominados pelas tribos e o distrito de Khargone, com sede em Khargone, situa-se na parte sudoeste do estado de Madhya Pradesh, na Índia. A amostra do estudo foi selecionada através do método de amostragem em várias fases. A região agro-climática de Nimar é constituída por quatro distritos: Barwani, Khagone, Khandwa e Bhurhanpur. Dos quatro distritos, dois (Barwani e Khagone) foram seleccionados aleatoriamente através do método de amostragem aleatória simples. Dos dois distritos seleccionados, foram seleccionados 3 (três) blocos de cada distrito, o que perfaz um total de 6 blocos (Barwani, Pati, Sendhwa e Khargone, Segaon, Jhirnaiya), utilizando o método de amostragem aleatória simples. Dos seis blocos seleccionados, foram seleccionadas 12 aldeias (duas aldeias de cada bloco) através de métodos de amostragem aleatória simples. O número de inquiridos de cada aldeia foi selecionado e um total de 240 inquiridos (20 inquiridos de cada aldeia) foi selecionado aleatoriamente para efeitos de estudo.

Os dados foram recolhidos pessoalmente pelo investigador através de um programa de entrevistas bem estruturado e pré-testado, através do método de inquérito. O investigador abordou pessoalmente os inquiridos e explicou-lhes o objetivo do estudo. Depois de estabelecer uma relação com eles, os inquiridos foram entrevistados e as suas respostas foram registadas no programa de entrevistas.

Os dados secundários necessários foram também obtidos junto do pessoal de extensão do Departamento de Agricultura do Estado, do pessoal do KVK e do Desenvolvimento Agrícola, do Gabinete de Tehsil, do Zila Panchayat, do Gabinete de Desenvolvimento de Blocos e outros relatórios e publicações foram também consultados durante o estudo. Os dados recolhidos foram classificados e tabulados. Foram aplicados métodos estatísticos adequados para analisar os dados, consoante a natureza dos mesmos.

6.2 Conclusão:

As principais conclusões do estudo são apresentadas a seguir.

A) Características pessoais, sócio-psicológicas e de comunicação dos agricultores

- Mais de metade dos agricultores pertenciam ao grupo etário médio e idoso.
- A percentagem máxima de agricultores com habilitações literárias ao nível do ensino secundário e superior.
- A percentagem máxima de agricultores pertencia a um estatuto socioeconómico médio ou médio superior.
- A maioria das percentagens dos agricultores tinha uma participação média a elevada na extensão.
- A percentagem máxima de agricultores com um nível médio a elevado de participação social é de 1,5 a 2,5 %.
- As percentagens máximas de agricultores que se encontravam no nível de cosmopolitismo de bloco a distrito.
- A percentagem máxima de agricultores tinha uma orientação científica média a elevada.
- Mais de metade dos agricultores apresentaram um nível médio a elevado de capacidade de inovação.
- A percentagem máxima de agricultores que tiveram uma exposição média a elevada aos meios de comunicação social.
- A percentagem máxima dos agricultores expressou um nível médio a alto de contactos com a agência de extensão.

B) Medição da atitude dos agricultores em relação a diferentes tipos de meios de comunicação social

- *A maioria* dos agricultores tinha uma atitude fortemente favorável ou favorável em relação aos programas de rádio.
- *A maioria* dos agricultores tinha uma atitude fortemente favorável ou favorável em relação aos programas de televisão.
- A percentagem máxima de agricultores que tiveram uma atitude fortemente favorável ou favorável em relação ao jornal.
- A maioria dos agricultores tinha uma atitude global fortemente favorável a favorável em relação aos meios de comunicação social.

C) Padrão de utilização de diferentes tipos de meios de comunicação social entre os agricultores

II. Nível de audição/ visionamento/ leitura dos meios de comunicação social entre os agricultores

- A percentagem máxima de agricultores que ouvem rádio tem um nível elevado de comportamento de audição dos meios de comunicação social, seguido de um nível baixo e médio de comportamento de audição dos meios de comunicação social.

■ A maioria dos agricultores que vêem televisão tem um nível elevado de comportamento de visualização dos meios de comunicação social, seguido de um nível médio e baixo de comportamento de visualização dos meios de comunicação social.

■ A percentagem máxima de agricultores que lêem jornais tem um nível elevado de comportamento de leitura dos meios de comunicação social, seguido de um nível baixo e médio de comportamento de leitura dos meios de comunicação social.

II. Nível de perceção da utilidade dos meios de comunicação social entre os agricultores

■ A maioria dos agricultores ouvintes de rádio tem um nível elevado de comportamento de perceção da utilidade dos meios de comunicação social, seguido de um nível médio e baixo de comportamento de perceção da utilidade dos meios de comunicação social.

■ A maioria dos agricultores que vêem televisão tem um nível elevado de comportamento de perceção da utilidade dos meios de comunicação social, seguido de um nível médio e baixo de comportamento de perceção da utilidade dos meios de comunicação social.

■ A maioria dos agricultores leitores de jornais tem um nível elevado de comportamento de perceção da utilidade dos meios de comunicação social, seguido de um nível médio e baixo de comportamento de perceção da utilidade dos meios de comunicação social.

III. Nível de reação dos agricultores aos meios de comunicação social

■ A percentagem máxima de agricultores que ouvem rádio tem um nível médio de comportamento de feedback, seguido de um nível alto e baixo de comportamento de feedback.

■ A percentagem máxima de agricultores que vêem televisão tem um nível médio de comportamento de feedback, seguido de um nível alto e baixo de comportamento de feedback.

■ A percentagem máxima de agricultores que lêem jornais tem um nível médio de comportamento de feedback, seguido de um nível baixo e alto de comportamento de feedback.

Comportamento de utilização dos meios de comunicação social

■ A percentagem máxima de agricultores que utilizaram muito os meios de comunicação social foi seguida de uma utilização média e baixa dos mesmos.

D) Preferências dos agricultores em relação aos meios de comunicação social

I. Preferência pelo comportamento de audição/ visionamento/ leitura dos meios de comunicação social

O estudo revelou que, de entre os vários parâmetros relativos ao comportamento de audição/visualização/leitura dos meios de comunicação social, os agricultores preferiam mais a "Discussão sobre os conteúdos", seguida da "Disponibilidade dos meios de comunicação social", do "Horário" e do "Objetivo de compra", por ordem decrescente de preferência, enquanto a última posição de preferência era atribuída à "Motivação para a compra".

II. Preferência pelo comportamento de perceção de utilidade dos meios de comunicação social

Verificou-se que, de entre os vários parâmetros do comportamento de perceção da utilidade dos meios de comunicação social, os agricultores preferiam mais a "Clareza", seguida da "Inspiração", da "Viabilidade" e do "Assunto tratado", por ordem decrescente de preferência, enquanto a "Ilustração" ocupava o último lugar.

III. Preferência pelo comportamento de feedback dos meios de comunicação social

O estudo revelou que, de entre os vários parâmetros relativos ao comportamento de feedback dos meios de comunicação social, os agricultores preferiam sobretudo a opção "Satisfeito com informações adicionais", seguida de "Obteve informações adicionais de cientistas/KVK/Departamento de Agricultura", "Comunicou aos médicos veterinários os problemas discutidos em matéria de agricultura e pecuária" e "Escreveu à AIR/DDK M.P. para obter novamente informações adicionais sobre o tema transmitido/transmitido", por ordem decrescente de preferência, enquanto a última posição de preferência foi atribuída a "Deu sugestões para melhorar o programa de rádio/televisão e jornais agrícolas".

E) Relação entre as características pessoais, sócio-psicológicas e de comunicação dos agricultores e a sua atitude em relação aos meios de comunicação social e ao comportamento de utilização dos meios de comunicação social Pode observar-se que os coeficientes de correlação relativos ao estatuto sócio-económico, à orientação científica e aos contactos com a agência de extensão foram considerados positivamente significativos ao nível de 0,01 de probabilidade, enquanto a educação e a participação social foram consideradas positivamente significativas e a idade foi considerada negativamente significativa ao nível de 0,05 de probabilidade com a sua atitude em relação aos meios de comunicação social, enquanto a participação na extensão, a cosmopolitismo, a inovação e a exposição aos meios de comunicação social foram consideradas relações não significativas.

Pode observar-se que os coeficientes de correlação relativos à orientação científica foram considerados positivamente significativos ao nível de 0,05 de probabilidade com o seu comportamento de utilização dos meios de comunicação social, ao passo que a idade, a educação, o estatuto socioeconómico, a participação na extensão, a participação social, o cosmopolitismo, a capacidade de inovação, a exposição aos meios de comunicação social e os contactos com a agência de extensão não foram considerados significativos.

F) Constrangimentos sentidos pelos agricultores na utilização dos diferentes meios de comunicação social

Os principais constrangimentos sentidos pelos agricultores foram: carga pesada de trabalho durante as horas de emissão, uso de palavras técnicas, velocidade muito rápida de apresentação dos programas, falta de programas baseados no terreno, informação útil não é oportuna, falta de programas orientados para problemas reais e os programas foram transmitidos apenas uma vez, pelo que os agricultores não puderam seguir muito em relação à rádio. Os agricultores sugeriram que se usasse uma linguagem simples, que se fornecesse informação útil atempadamente, que se mudasse o horário de emissão e que se aumentasse a duração da emissão.

Os principais constrangimentos sentidos pelos agricultores foram: a não participação dos agricultores na discussão dos problemas, o tema do programa não está em conformidade com as necessidades dos agricultores, a não disponibilidade de insumos recomendados no mercado, a falta de programas relacionados com a agricultura na língua local, problemas de eletricidade, o analfabetismo cria problemas na compreensão das novas informações, o elevado custo dos aparelhos, a utilização de termos técnicos difíceis e o horário dos programas de televisão não é adequado para os agricultores. Os agricultores sugeriram que se alterasse o horário da emissão, se utilizasse a língua local, se contassem histórias de sucesso de agricultores progressistas, se apresentasse a informação sob a forma de demonstração, se utilizasse recursos visuais durante a emissão, se fornecesse informação atempada e se aumentasse a duração da emissão.

Os principais constrangimentos sentidos pelos agricultores foram: palavras difíceis, o analfabetismo é o problema mais importante, falta de notícias baseadas no terreno, falta de notícias orientadas para os problemas, as notícias são em colunas curtas e não em pormenor, menor utilização de notícias orientadas para os resultados, os jornais não chegam a tempo e são dadas informações desnecessárias em relação aos jornais.

Os agricultores sugeriram que a informação fosse dada numa linguagem fácil, que as histórias de agricultores experientes fossem publicadas no jornal, que a informação fosse praticável, que as letras fossem suficientemente ousadas, que se evitasse o excesso de estatísticas, que se desse mais ênfase à gestão do gado, que se desse mais informação sobre o sistema de agricultura integrada, que se desse mais ênfase à transformação de frutas e legumes, que a capa fosse mais atractiva e que se aumentasse o número de anúncios baseados na agricultura.

6.3 Sugestões para trabalhos futuros:

> Um estudo semelhante pode ser repetido noutros locais.

> Um estudo aprofundado pode ser deliberado ao nível micro do desenvolvimento dos meios de comunicação social.

> Para uma melhor compreensão do problema, deve ser efectuado um estudo aprofundado dos constrangimentos sentidos pelos agricultores.

> Este estudo pode ser deliberado em grande escala com uma amostra maior para fazer recomendações generalizadas sobre o programa.

> Neste estudo foram incluídas variáveis independentes e dependentes limitadas.

> Um estudo futuro pode ser deliberado com mais variáveis para efeitos de investigação aprofundada.

BIBLIOGRAFIA

Agwu, A.E., Ekwueme, J.N. e Anyanwu, A.C. (2008). Adoção de tecnologias agrícolas melhoradas divulgadas através do programa de rádio dos agricultores no Estado de Enugu, Nigéria. Revista Africana de Biotecnologia, **7**: 1277-1286.

Ajani, E.N. (2013). Constrangimentos à utilização efectiva das Tecnologias de Informação e Comunicação (TIC) entre os pequenos agricultores do Estado de Anambra, Nigéria. Int. J. Agril. Sci. Res. and Tech., **2**: 117-122.

Akinola, O. Ogunwale, A.B. e Okunade, E.O. (2010). Factores que militam contra a eficácia dos meios de comunicação de massas, canais de comunicação sobre os produtores de milho na zona agrícola de Ogbomosho do Estado de Oyo. Procedimentos da 44ª Conferência Anual da Agri. Society of Nigeria realizada na Ladoke Akintola University of Techn. Ogbomosho, de 12 a 14 de abril de 2010, Estado de Oyo, Nigéria, 1887-1891.

Akpabio, I. A., Okon, D. P. e Inyang, E. B. (2007). Constrangimentos que afectam a utilização das TIC pelos funcionários da extensão agrícola no Delta do Níger, Nigéria. The Nigeria Journal of Communication, 13: 263-272.

Allan, Parvathy, S. e Usha, C.T. (2003). Differential utilization of agricultural mass media sources by the literate farmers. Seminário internacional sobre comunicação e desenvolvimento sustentável na agricultura, 7-9 de janeiro de 2003, p. 14.

Ani, A.O., Umunakwe, P.C., Okereke Ejiogu, E.N. Nwakwasi, R.N. e Aja, A.O. (2015). Utilização de meios de comunicação de massa entre os agricultores na área de governo local de Ikwere do estado de Rivers, Nigéria. Journal of Agriculture and Veterinary Science **8**: 41-47.

Ango, A. K., Illo, A. I., e Jibrin F. Y. (2012). Desafios à Adoção de Inovações Agrícolas pelas Mulheres através dos Meios de Comunicação Social na Área do Governo Local de Misau do Estado de Bauchi, Nigéria. International Jr. of Science & Technology **3**: 103-108.

Ango, A.K., Illo, A.I., Abdullahi, A.N. e Amina, A. (2013). Papel dos programas agrícolas de rádio agrícola na divulgação de tecnologia agrícola aos agricultores rurais para o desenvolvimento agrícola em Zaria, Kaduna, Estado, Nigéria. Jornal Asiático de Extensão Agrícola, Economia e Sociologia **2**: 54-68.

Aruna, K e Rani, V.S. (2013). Comportamento de escuta dos ouvintes da rádio comunitária: Content Analysis of Annadata Farm Magazin, 40-44.

Awasthi, H.K.; Singh, P.R.; Khan, M.A. e Sharma, P.N. (2002). Knowledge and attitude of dairy farmers towards improved diary practices. Indian Journal of Extension Education, **37**: 104-105.

Ayoade, A.R. (2010). Eficácia das fontes de informação sobre práticas agrícolas melhoradas entre os agricultores de feijão-frade no estado de Oyo. Global J. Human Social Set, **10**: 39-45.

Badodiya, S. K., Daipuria, O.P., Shakya, S.K., Guarg, S. K. e Nagayach, U.N. (2010). Perceived Effectiveness of the Farm Telecast in Transfer of Agricultural Technology [Eficácia Percebida da Transmissão da Fazenda na Transferência de Tecnologia Agrícola]. Indian Research Journal of Extension Education, **10**: 109-111.

Badodiya, S.K. e Chaudhary, P.C. (2011). Eficácia do telecast agrícola na busca de informações agrícolas pelos agricultores. J. of Community Mobilization and Sustainable Development, **6**: 125-127.

Bagdi, G.L. e Kurothe, R.S. (2016). Atitude dos agricultores em relação à participação no programa de gestão de bacias hidrográficas: Um estudo de caso. Jornal Indiano de Conservação do Solo, **44**:327-331.

Bala H. A., Garba, M. e Mele, A. M. (2015). Desafios à adoção de inovações agrícolas pelas mulheres através dos meios de comunicação social na área do governo local de Misau do Estado de Bauchi, Nigéria. International Jr. of Science & Technology 1: 152-159.

Bellurkar, C.M., Nandapurkar, G.C. e Rodge, J.R. (2000). Preferências e sugestões dos telespectadores em relação a vários programas de televisão. Maha. Jr. Extn. Edn. 33-36.

Bhagat, G.R.; Nain, M.S. e Narda, R. (2004). Information sources for agricultural technology. Indian Journal of Extension Education, **40**: 111-112.

Bhagwat, S.M., Ankush, G.S. e Mande Jyoti, V. (2010). Role Performance of Gram Panchayat Members in Village Development (Desempenho do papel dos membros do Gram Panchayat no desenvolvimento da aldeia). National Seminar on Role of Extension Education in Changing Agricultural Scenario Souvenir and Abstracts, March, 6-8, Dapoli, Maharashtra State Pp-45.

Bhosle, P.B., Jondhale, S.G. e Kadam, R.P. (2008). Effectiveness of farm broadcast in the transfer of agricultural technology (Eficácia da transmissão agrícola na transferência de tecnologia agrícola). Agrotech publ. Academy, Udaipur: 19-27.

Chaitra, G., Kumar K. Amaresh e Shashikala Bai, D. (2019). Características socioeconómicas dos agricultores leitores de publicações agrícolas e sua associação com o hábito de leitura. Int. J. Curr. Microbiol. App. Sci., **8**: 1864-1871.

Chahal, V.P. (1992). Estudo comparativo da utilização da rádio e da televisão na transferência de tecnologia agrícola. Tese de doutoramento, CCS HAU, Hisar.

Chapke, R.R. e Bhagat, R. (2005). "Traditional folk media in rural Maharashtra". Indian Journal of Extension Education, 41: 43-47.

Chhachhar, Abdul Razaque, Hassan, Md Salleh, Omar, Siti Zobidah, Soomro, Badaruddin (2012). O papel da televisão na disseminação de informações agrícolas entre os agricultores. Jornal de Ciências Biológicas e Ambientais Aplicadas, 2: 586-591.

Dabhade, C.H. (2001). A utilidade da literatura produzida para neo-alfabetizados, segundo a perceção dos leitores neo-alfabetizados. Tese de Mestrado (Agri.), MAU, Parbhani.

Deshpande, P.V. e Kalmegh, S.R. (1992). A study of rural TV owners and their viewing behaviour. Maharashtra Journal of Extension Education, 11: 170-173.

Devaraj e Ravichandran P. (2014). A Study on the Role of Information and Mass Media Communication Technology among the Farming Community of the Mandya District, Karnataka State, Journal of Advances in Library and Information Science, 3: 43-46.

Devendrappa, S., Sundraswamy, S. e Halakathi, S.V. (1995). Relationship between characteristic of farm broadcast listeners and their listening behaviour. Rural India, 37: 104-105.

Dhayarkar, S.R. (2007). Eficácia dos programas agrícolas da E-T.V. e do canal Sahyadri segundo a perceção dos agricultores espectadores. Tese de Mestrado (Agri.), Dr. BSKKV, Dapoli.

Enwelu, I. A., Enwereuzor, S. O., Asadu, A. N., Nwalieji, H. U. & Ugwuoke B. C. (2017). Acesso e uso de tecnologias de informação e comunicação por extensionistas no Programa de Desenvolvimento Agrícola do Estado de Anambra, Nigéria. Journal of Agricultural Extension, 21: 152-162.

Eshetu, S. (2008). "Padrão de utilização de métodos e meios de comunicação pelo pessoal da extensão no Conselho Administrativo de Dire Dawa, Etiópia". Rajasthan Journal of Extension Education. No. 16:1-8.

Garg, S.K., Rai, D.P., Badodiya, S.K. e Shakya, S.K. (2014). Perceção dos ouvintes de rádio sobre a eficácia da transmissão agrícola na transferência de tecnologia agrícola. Indian Res. Jr. de Extn. Edn. 14: 78-81.

Ghadei, K. (2011). Investigação em educação de extensão uma revisão dos tópicos seleccionados para o estudo. Revista Internacional de Educação para a Extensão, 7: 71-75.

Ghadi, D.R. (2008). Perceção de utilidade e utilização de anúncios agrícolas pelos agricultores. Tese de Mestrado (Agri.), MAU, Parbhani.

Goswami, Neha e Godawat, Asha (2017). Tele-viewing behaviour of farm women regarding farm and home related programmes (Comportamento de tele-visualização das mulheres agricultoras relativamente a programas relacionados com a agricultura e o lar). International Journal of Home Science Extension and Communication Management, 4: 70-76.

Gote, A.G. (2009). Utility perception of mass media by the farmers of the Marathwada region. Tese de doutoramento (Agri.), Universidade Aberta YCM, Nashik.

Gunawardana, A.M.A.P.G. (2005). "Communication behaviour of farmers on improved farm practices on Udaipur districtofRajasthan". Tese de Mestrado, MPUAT, Udaipur.

Hasan S. e Sharma A. (2011). "Padrão de utilização dos meios de comunicação impressos entre os fabricantes de casas", Global Media Journal-
Indian Edition/Summer Issue/junho de 2011. http//www.gbpuat.ac.in

Hazarika, P. e Tyagi, K.C. (2001). Relationship between selected variables of the dairy farmers and their source utilization behaviour in plain and hilly areas of Assam. Jr. da Sociedade Científica de Assam, 42: 36-39.

Immanuel, S. e Kanagasabapathy, K. (2009). "Ligação tecnológica entre a investigação e o sistema de clientes na pesca marinha". Indian Journal of Extension Education, 45: 98-101.

Ingole, N.P.; Saigaonkar, P.B. e Kothekar, M.P. (1993). Television viewing behaviour of farmers. Indian Journal of Extension Education, 29: 54-55.

Irfan, Md. (2005). Eficácia comparativa dos meios de comunicação social na divulgação de tecnologias agrícolas entre os agricultores do distrito de Lahore. Tese de Mestrado (Agri.), Universidade de Agricultura, Faisalabad, Paquistão.

Irfan, Md., Sher, Md., Ali Khan, G. e Asif, Md. (2006). Role of mass media in the dissemination of agricultural technologies among the farmers. Int. J. Agril Biol., 8: 417-419.

Jhajharia A.K., Khan I.M., Bangarva G.S. e Jhajharia Santosh (2012). Sensibilização dos agricultores para os programas de rádio e televisão baseados na exploração agrícola. Rajasthan Journal of Extension Education, 20: 209-214.

Kakade, Onkargouda (2013). Credibilidade dos programas de rádio na disseminação de informações agrícolas: Um Estudo de Caso de Air Dharwad, Karnataka. IOSR Journal of Humanities and Social Science, 12: 18-22.

Kant, Shashi e Sujan, D.K (2010). Radio listening behaviour of Tribal. Jr.of Communication Studies, 10: 15-17.

Kashem, M.A. (1999). Contacto dos agricultores com as fontes de informação na utilização de tecnologias agrícolas. Bangladesh Journal of Training and Development, 12: 61-68.

Kashem, M.A. e Hossain, M.M. (2000). Farm communication through television in Bangladesh (Comunicação agrícola através da televisão no Bangladesh). Indian Journal of Extension Education, 36: 65-68.

Khan, G.A., Sher, M., Muhammad, K. e Khan, M.A. (2013). Informações sobre práticas agronómicas e medidas fitossanitárias obtidas pelos agricultores através dos meios electrónicos. J. Anim. Plant Set, **23**: 647-650.

Khushk, A.M. e Memon, A. (2004). Impact of devolution on-farm extension system. Daily Dawn, 1-7 de novembro: 3.

Kubde, V.R. e Chaudhari, M.B. (1992). Television viewers from rural areas and their opinion about the rural telecast. Maharashtra Journal of Extension Education, **11**: 179-188.

Kukerety, N. e Singh, B.B. (1994). Mass media and interpersonal channels for agricultural information in the hills. Agriculture Extension Review, **6**: 28-31.

Kumar Akshaya K. S, Kumar Dr.Vijaya, e K. P. (2017). Papel dos meios de comunicação social na divulgação de informações agrícolas aos agricultores do bloco Nedumangad em Kerala. Revista Internacional do Movimento da Informação, **2**: 44-51.

Kumar, P. e Manhas, J.S. (2008). Content analysis of agricultural coverage in selected newspapers of Jammu and Kashmir" (Análise de conteúdo da cobertura agrícola em jornais seleccionados de Jammu e Caxemira). Rajasthan Journal of Extension Education, n.º 16: 209-211.

Kumar, Manoj, Ansari M.N. e Singh Ashok K. (2017). Atitude dos ouvintes de rádio em relação aos programas de transmissão agrícola. Revista Internacional de Ciência, Ambiente e Tecnologia, **6**: 1485-1490.

Kumari, N.; Choudhary, S.B., Jha, S.K. e Singh, S.R.K. (2014). Rádio: Um meio educacional para transferir informações agrícolas entre os agricultores. Indian Res. Jr. Extn. Edn., **14**: 130-134.

Lad A.S. e Deshmukh P.R. (2014). Perceção de utilidade dos meios de comunicação de massa por mulheres agrícolas. International J. of Exten. Edu., **10**: 76-79.

Lahari, B. e Mukhopadhyay, D. (2012). Análise de conteúdo da informação agrícola comunicada através de um programa de rádio selecionado. Indian Res. Jr. Extn. Edn., **12**: 29-35.

Lekshmi, P.S.S., Chandrakandanand K. e Balasubramani N. (2015). Comportamento de utilização de meios de comunicação de massa de mulheres agrícolas. Agricultural Science Digest - A Research Journal, **36**: 51-55.

Lekule, A.G. (2000). Um estudo sobre a análise de conteúdo da informação agrícola publicada num jornal de referência. Tese de Mestrado (Agri.), MAU, Parbhani.

Mahadik, R.P., Sawant, P.A. e Nirban, A.J. (2011). Nível de conhecimento dos cientistas agrícolas, extensionistas e agricultores sobre o acordo sobre agricultura (AoA) no âmbito da OMC. International Journal of Extension Education, **7**: 79-83.

Malagar, G.K., Badiger, C.A. e Hiremath, U.S (2011). Radio listening behaviour of rural women. Karnataka. Jr. of. Ciências Agrícolas, **24**: 426-431.

Mane, R.S. e Shetay, S.G. (1992). Content analysis of farm television programmes and viewing behaviour of farmers (Análise de conteúdo de programas televisivos agrícolas e comportamento dos agricultores). Maharashtra Journal of Extension Education, **11**: 192-195.

Manwar, V.S. (2005). Papel do media-mix na comunicação de tecnologia agrícola simples. Tese de doutoramento (Agri.), MAU, Parbhani.

Meenakshisundaram, K.S. e Vijayaraghavan, R. (1997). The attitude of farmwomen towards the television. Journal of Extension Education, **8**: 11.

Meenambigai, M. e Seetharaman, R.N. (2004). Cable Television Viewing Behaviour Farmers and Farm Women (Comportamento dos Agricultores e das Mulheres Agricultoras na Visualização da Televisão por Cabo). Indian Journal of Extension Education, **40**: 49-51.

Mishra, Y.D. (2003). Utilização dos meios de comunicação social pelos agricultores, MITO ou REALIDADE. Seminário internacional sobre comunicação e desenvolvimento sustentável na agricultura. 7-9 de janeiro: 6-7.

Mishra, Yagya Dev (2003) Mass media utilization among farmers: A study in Uttar Pradesh. Indian Research Journal of Extension Education, **3** de julho: 71-76.

Mgbakor, M., Iyobor, O. & Uzendu, P.O. (2013). Contribuições dos meios de comunicação social para o desenvolvimento da extensão agrícola na área governamental local de Ika North East do estado do Delta, Nigéria. Revista Académica de Ciências Vegetais, **6**: 127-133.

Moulik, T.K. & Rao, C.S.S. (1965). A self-rating scale for farmers in measurement in Extension Research Instruments, New Delhi.

Nadre, K.R. (2000). A study on constraints in adoption of recommended practices of cotton in Aurangabad and Jalna district. Manage in Extension Research Review, julho-dezembro, **1**: 66-76.

Naganikar, S.G. (2005). Perceção de utilidade dos leitores da MAU agricultural Dairy. Dissertação de Mestrado (Agri.), MAU, Parbhani.

Nandapurkar, C. G. (1982). Significance of entrepreneurship in agricultural development: An empirical study. Maharashtra Journal of Extension Education, **1**: 47-51.

Odiaka Chukwunyem, Emmanuel (2010). "Differential Mass Media Use among Rice Farmers in Nigeria; Evidence from

Benue State", Universidade de Agricultura, P.M.B. 2373, Makurdi, Benue state 970213, Nigéria. J. Communication, 1: 33-36.

Okwu, O.J. e Daudu, S. (2011). Utilização e preferência dos canais de comunicação de extensão pelos agricultores no Estado de Benue, Nigéria. J. Agric. Ext. & Rural Dev. 3: 88-94.

Opera, N. U. (2008). Fontes de informação agrícola utilizadas pelos agricultores no estado de Imo, Nigéria. Info. Dev., 24: 289295.

Pareek, R.K. (2001). Preferência relativa e atitude dos agricultores relativamente à utilização dos meios de comunicação social em Sambhar Lake Panchayat Samiti do distrito de Jaipur, Rajasthan. Tese de Mestrado (Ag.) RAU, Bikaner, Campus-Jobner.

Patel, M.M. Parmar, P.S. e Dubey, M.C. (1995). Credibility pattern of different sources of farm information (Padrão de credibilidade de diferentes fontes de informação agrícola). Maharashtra Journal of Extension Education, 14: 33-34.

Patel, M.M. Sharma, H.O. e Dubey, M.C. (1993). Padrão de utilização de fontes de comunicação entre os agricultores. Maharashtra Journal of Extension Education, 12: 85-89.

Patel, N.R. (1991). Dinâmica da adoção de novas tecnologias agrícolas e consequências na área das bacias hidrográficas dos distritos de Banaskantha e Mehsana de Gujarat. Tese de doutoramento, Universidade Agrícola de Gujarat, S.K. Nagar.

Patil, N.S. (2007). Perceção de utilidade (Agri.) Tese, MAU, Pail f agricultores leitores de jornais. Mestrado em Parbhani.

Prasad, R.E., Dwivedi, V. e Dubey, V.K. (2003). Utilização de canais de comunicação na sociedade tribal de Jharkhand. Resumos, Int. Semi. on Comm. and Sust. Dev. in Agri., Varanasi, 37-38.

Praveena, P.L.R.J. e Ramiah, P.V. (2007). A study on listening behaviour of farmers towards farm broadcasts of All India Radio Vijayawada, Andhra Pradesh" [Um estudo sobre o comportamento auditivo dos agricultores em relação às emissões agrícolas da All India Radio Vijayawada, Andhra Pradesh]. Indian Journal of Social Research, janeiro-março 48: 17-25.

Prunella, K. e Ravichandran, V. (2001). Socio-cultural barriers faced by farm women in the utilization of communication channel, Agriculture Extention Review, 13: 9-10.

Raghuprasad K P, Devaraja S C e Gopala Y M (2012). A Atitude dos Agricultores face à Utilização de Ferramentas de Tecnologias de Informação e Comunicação (TIC) na Comunicação Agrícola. Research Journal of Agricultural Sciences, 3: 1035-1037.

Ravichamy P., Nandakumar S. e Siva balan K.C. (2017). Televisão para a disseminação eficaz de informações agrícolas para os produtores de banana: Um estudo de Tamil Nadu. Pesquisa progressiva - Uma revista internacional, 12(1): 1146-1149.

Reddy, P. (1990). The opinion of farmers on farm radio bulletins (A opinião dos agricultores sobre os boletins radiofónicos agrícolas). Maharashtra Journal of Extension Education, 9: 335-337.

Roy, S., Sarangj, A. e Choudhary, S. (2010). Communication sources and utilization pattern of rural farm youth in Kamal district of Harayana. Trabalho apresentado na conferência internacional "Communication for development in the Information Age: Extending the benefits of technology for all", realizada de 3 a 5 de fevereiro de 2010, no G.C. Dept. of Extension Education, Institute of Agricultural Science, Banaras Hindu University, Varanasi (Índia).

Saini, H. (2005). Conhecimento e atitude dos agricultores em relação à tecnologia de vermes no distrito de Jaipur, Rajasthan. Tese de Mestrado (Ag.), R.A.U. Bikaner, Campus- Jobner.

Sakthivel, K.M., Khandekar, P., Sasidhar, P.V.K. e Narmatha, N. (2012). Mass media utilization behaviour of households of marginal and landless livestock farmers (Comportamento de utilização dos meios de comunicação social por agregados familiares de criadores de gado marginais e sem terra). Indian J Social Res., 53: 19-23.

Saleh, R. A., Burabe, I. B., Mustapha, S. B. e Nuhu, H. S. (2018). Utilização dos meios de comunicação de massa na prestação de serviços de extensão agrícola na Nigéria: A Review. Revista Internacional de Estudos Científicos, 6: 43-52.

Sarkar, A. (1997). Impact of mass communication on rural people about to with concerning agricultural information. Ambiente e Ecologia, 15: 860-866.

Sasidhar, P.V.K.; Suvedi, M., Vijayaraghavan, K., Singh, B. e Babu, S. (2011). Evaluation of a distance education radio farm school programme in India: implications for scaling up. Outlook on Agriculture, 40: 89-96.

Saxena, A.K., Thakur, P. e Shrivastava, N. (1995). The utility of farm information dissemination through radio and television. Maharashtra Journal of Extension Education, 14: 65-68.

Shareef-Ud-Din. (1994). Comportamento de escuta e atitude dos agricultores proprietários de rádio em relação às emissões agrícolas. Tese de Mestrado CCS HAU, Hisar.

Sharma, A.K., Jha, S.K. e Arvind Kumar (2003). Writing in newspapers for rapid transfer of technology. Agricultural Extension Review. setembro, outubro, 27-29.

Sharma, A.K., Mandiratta, S.R. e Sharma, Y.K. (2005). A study of viewing behaviour of the T.V. viewer farmers. Indian Research Journal of Extension Education, 5: 38-40.

Sharma, Deepika (2012). Padrão de utilização dos meios de comunicação social das mulheres agricultoras. Revista Internacional de Publicações Científicas e de Investigação, 2: 1-3.

Sharvan, R., Raja, P. e Tayeng, S. (2009). Information input pattern and information needs of the tribal farmers of the Arunachal Pradesh. Indian Journal of Extension Education, **45**: 51-54.

Shinde, P.T., Suradkar D.D. e M.B. Shinde M.B.(2019). Correlatos de leitores de Krishi Dainandini com seu comportamento de utilização de informações agrícolas. Jornal Internacional de Microbiologia Atual e Ciências Aplicadas, **8**: 180-186.

Shrivastava, J.P.; Rai, R. e Kumar, K. (1998). Communication behaviour of field extension personnel under the T and V system. Indian Journal of Extension Education, **34**: 133.

Siddaramaih, B.S. e Jalihal, K.A. (1983). A Scale to measure extension participation of farmers (Uma escala para medir a participação dos agricultores na extensão). Ind. J. Extension Education, **19**: 74-76.

Singh, Jogender, Chahal, V.P. e Singh, Vidyulata, N. e Dangi, K.L. (2014). Comportamento de visualização de telecast agrícola de agricultores em Haryana. Indian Res. J. Ext. Edu., **14**: 66-69.

Singh, L.; Lal, R. e Chand, R. (1999). Radio listening behaviour and its impact on farmers. Agricultural Extension review, **3**: 21-26.

Singh, S.P.; Malik, R.S.; Laharia, S.N., Hunda, R.S. e Narwal, R.S. (1998). Mass media exposure among the extension personnel in Haryana. HaryanaAgricultural University Journal of Res., **28**: 56-61.

Singh, V. (2002). "Information seeking behaviour of farmers in Piprali panchayat samiti of district Sikar of Rajasthan". Tese de Mestrado RAU, Bikaner, Campus-Jobner.

Slathia, P.S., Paul, N. e Nain, M.S. (2011). "Consciência entre a comunidade agrícola sobre os centros de atendimento kissan na região de Jammu". International Journal of Extension Education, 7: 41-46.

Sodhi, C.S. e Sangha, G.S. (1992). Television viewing behaviour of farmers. Indian Journal of Extension Education, **28**: 103-105.

Stratakis, S. (2004). Chegar aos agricultores através de telemóveis: A Internet para projectos de desenvolvimento. Informação para o desenvolvimento, 2: 27-30. Disponível em http//www.i4donline.net

Supe, S.V. e Singh S.N. (1969). Measurement in Extension - research instruments developed at IARI, Division of Extension, New Delhi, *Indian Agriculture Research Institute,* **17**: 12-18.

Talwar, S.M., Manjunath, L., Ashalata , K.V., Belli, R.B. e Dodamani, M.T (2012). Características do perfil das mulheres agrícolas em relação ao seu comportamento de escuta de programas de rádio comunitários krishi. Karnataka Jr. de Ciências Agrícolas. **25**: 86-88.

Turkyilmaz, Mustafa (2014). O efeito dos meios de comunicação de massa na atitude em relação à leitura. Revista Pensee, **76**: 295-304.

Upadhyay, Sonam , Khare N.K. e Upadhyay Varsha (2019). Impacto do canal de televisão DD Kisan entre os agricultores do distrito de Jabalpur, Madhya Pradesh. Revista Internacional de Estudos Químicos, 7: 2622-2624.

Vashishtha, U., Sharma, F.L. e Jain, H.K. (2008). Information processing behaviour of pigeon-pea growers in Udaipur district of Rajasthan (Comportamento de processamento de informação dos produtores de feijão-frade no distrito de Udaipur do Rajastão). Rajasthan Journal of Extension Education, **16**: 151-157.

Vekaria, R.S. e Pandey, R.D. (1995). Communication media use by paddy growers. Communicator **30**:13-15.

Venkataramaih B.S. & Sethurao M.K. (1983). Development of a socio-economic status scale for a rural area, tese de doutoramento, Universidade de Ciências Agrárias de Banglore.

Vijayaraghvan, R.; Ashokan, M. e Karthikayan, C. (1997). General reading behaviour of farm families. Journal of Extension Education, **8**: 1855-1860.

Vinkare, D.K. (2002). Television viewing behaviour of rural women. Tese de Mestrado (Agri.), MAU, Parbhani.

Yadav, B.S. e Khan, I.M. (2005). Grau de utilização de diferentes fontes de informação pelos produtores de couve-flor de Govindgarh Panchayat Samiti do distrito de Jaipur. 3º Congresso Nacional de Educação para a Extensão (27-29 de abril de 2005) realizado no NDRI, Karnal (Haryana): 136-137.

Yadav, B.S., Khan, I.M. e Yadav, J.P. (2008). "Credibilidade de diferentes fontes e canais de informação agrícola, segundo a perceção dos produtores de feno-grego na região de Jaipur, Rajastão". Rajasthan Journal of Extension Education, 16: 92.102.

VITAE

Nome do autor Nome do pai Data de nascimento	Lalita Nargawe Melsingh Nargawe 01th agosto, 1991

Habilitações académicas:

CLASSE	ANO	CONSELHO/UNIVERSIDADE	ASSUNTOS	%
Doutoramento (Ag.)	2021	RVSKVV, GWALIOR	Agricultura Extensão e comunicação	74.10
UGC NET	2019	NTA NET	Educação de adultos	67.02
Mestrado (Ag.)	2017	RVSKVV, GWALIOR	Extensão e comunicação agrícola	71.01
Licenciatura (Ag.)	2015	RVSKVV, GWALOIR	Agricultura	69.90
Secundário superior	2010	Conselho da CBSE	PCB	60.80
Escola secundária	2008	Conselho da CBSE	Todas as disciplinas	62.20

O autor pode ser contactado em:

Dr. Lalita Nargawe
61-B Colónia de Krishna Estate, Barwani (M.P.)

I want morebooks!

Buy your books fast and straightforward online - at one of world's fastest growing online book stores! Environmentally sound due to Print-on-Demand technologies.

Buy your books online at
www.morebooks.shop

Compre os seus livros mais rápido e diretamente na internet, em uma das livrarias on-line com o maior crescimento no mundo! Produção que protege o meio ambiente através das tecnologias de impressão sob demanda.

Compre os seus livros on-line em
www.morebooks.shop

Printed by Books on Demand GmbH, Norderstedt / Germany